U0106972

博物館裏的中國

藏在指尖的藝術

宋新潮　潘守永　主編

盧婷婷　楊莉玲　汪詩琪　崔佳　編著

推薦序

　　一直以來不少人說歷史很悶，在中學裏，無論是西史或中史，修讀的人逐年下降，大家都著急，但找不到方法。不認識歷史，我們無法知道過往發生了什麼事情，無法鑒古知今，不能從歷史中學習，只會重蹈覆轍，個人、社會以至國家都會付出沉重代價。

　　歷史沉悶嗎？歷史本身一點不沉悶，但作為一個科目，光看教科書，碰上一知半解，或學富五車但拙於表達的老師，加上要應付考試，歷史的確可以令人望而生畏。

　　要生活於二十一世紀的年青人認識上千年，以至數千年前的中國，時間空間距離太遠，光靠文字描述，顯然是困難的。近年來，學生往外地考察的越來越多，長城、兵馬俑坑絕不陌生，部分同學更去過不止一次，個別更遠赴敦煌或新疆考察。歷史考察無疑是讓同學認識歷史的好方法。身處歷史現場，與古人的距離一下子拉近了。然而，大家參觀故宮、國家博物館，乃至敦煌的莫高窟時，對展出的文物有認識嗎？大家知道什麼是唐三彩？什麼是官、哥、汝、定瓷嗎？大家知道誰是顧愷之、閻立本，荊關董巨四大畫家嗎？大家認識佛教藝術的起源，如何傳到中國來的嗎？假如大家對此一無所知，也就是說對中國文化藝術一無所知的話，其實往北京、洛陽、西安以至敦煌考察，也只是淪於“到此一遊”而已。依我看，不光是學生，相信本港大部分中史老師也都缺乏對文物的認識，這是香港的中國歷史文化學習的一個缺環。

　　早在十多年前還在博物館工作時，我便考慮過舉辦為中小學老師而設的中國文物培訓班，但因各種原因終未能成事，引以為憾。七八年前，中國國家博物館出版了《文物中的中國歷史》一書，有助於師生們透過文物認識歷史。是次，由宋新潮及潘守永等文物專家編寫的“博物館裏的中國”，內容更闊，讓大家可安坐家中“參觀”博物館，通過文物，認識中國古代燦爛輝煌的文明。謹此向大家誠意推薦。

丁新豹

序

在這裏，讀懂中國

博物館是人類知識的殿堂，它珍藏著人類的珍貴記憶。它不以營利為目的，面向大眾，為傳播科學、藝術、歷史文化服務，是現代社會的終身教育機構。

中國博物館事業雖然起步較晚，但發展百年有餘，博物館不論是從數量上還是類別上，都有了非常大的變化。截至目前，全國已經有超過四千家各類博物館。一個豐富的社會教育資源出現在家長和孩子們的生活裏，也有越來越多的人願意到博物館遊覽、參觀、學習。

"博物館裏的中國"是由博物館的專業人員寫給小朋友們的一套書，它立足科學性、知識性，介紹了博物館的豐富藏品，同時注重語言文字的有趣與生動，文圖兼美，呈現出一個多樣而又立體化的"中國"。

這套書的宗旨就是記憶、傳承、激發與創新，讓家長和孩子通過閱讀，愛上博物館，走進博物館。

記憶和傳承

　　博物館珍藏著人類的珍貴記憶。人類的文明在這裏保存，人類的文化從這裏發揚。一個國家的博物館，是整個國家的財富。目前中國的博物館包括歷史博物館、藝術博物館、科技博物館、自然博物館、名人故居博物館、歷史紀念館、考古遺址博物館以及工業博物館等等，種類繁多；數以億計的藏品囊括了歷史文物、民俗器物、藝術創作、化石、動植物標本以及科學技術發展成果等諸多方面的代表性實物，幾乎涉及所有的學科。

　　如果能讓孩子們從小在這樣的寶庫中徜徉，年復一年，耳濡目染，吸收寶貴的精神養分成長，自然有一天，他們不但會去珍視、愛護、傳承、捍衛這些寶藏，而且還會創造出更多的寶藏來。

激發和創新

　　博物館是激發孩子好奇心的地方。在歐美發達國家，父母在周末帶孩子參觀博物館已成為一種習慣。在博物館，孩子們既能學知識，又能和父母進行難得的交流。有研究表明，十二歲之前經常接觸博物館的孩子，他的一生都將在博物館這個巨大的文化寶庫中汲取知識。

　　青少年正處在世界觀、人生觀和價值觀的形成時期，他們擁有最強烈的好奇心和最天馬行空的想像力。現代博物館，既擁有千萬年文化傳承的珍寶，又充分利用聲光電等高科技設備，讓孩子們通過參觀遊覽，在潛移默化中學習、了解中國五千年文化，這對完善其人格、豐厚其文化底蘊、提高其文化素養、培養其人文精神有著重要而深遠的意義。

讓孩子從小愛上博物館，既是家長、老師們的心願，也是整個社會特別是博物館人的責任。

基於此，我們在眾多專家、學者的支持和幫助下，組織全國的博物館專家編寫了"博物館裏的中國"叢書。叢書打破了傳統以館分類的模式，按照主題分類，將藏品的特點、文化價值以生動的故事講述出來，讓孩子們認識到，原來博物館裏珍藏的是歷史文化，是科學知識，更是人類社會發展的軌跡，從而吸引更多的孩子親近博物館，進而了解中國。

讓我們穿越時空，去探索博物館的秘密吧！

潘守永

於美國弗吉尼亞州福爾斯徹奇市

目錄

導言 ·· xii

第1章　從養蠶繰絲到霓裳羽衣

國寶傳奇 ·· 003

鎮館之寶 ·· 006

躲過盜墓賊的寶貝——小菱形紋錦面綿袍 ···························· 006

盛唐風貌的再現——大紅羅地蹙金繡半臂 ···························· 009

萬曆皇帝的寶藏——定陵袞服 ··· 011

舉世無雙 ·· 014

國寶檔案 ·· 022

第2章　從金縷玉衣到乾隆金髮塔

國寶傳奇 ·· 031

鎮館之寶 ·· 036

神秘土地上的權力象徵——三星堆金杖 ······························· 036

寺廟中挖出的高科技——鎏金銀香囊 ··································· 040

皇帝的孝心——清乾隆金髮塔 ··· 043

舉世無雙 ·· 048

國寶檔案 ·· 056

第3章　從綠松石到景泰藍

國寶傳奇 ·· 068

鎮館之寶 ·· 072

　千年前的北京生活實證——漆觚 ················ 073

　神秘獰厲與細緻精巧的完美結合——青銅器鑲嵌雲紋犧尊 ····· 076

　母儀天下的象徵——明孝端皇后的鳳冠 ·········· 079

舉世無雙 ·· 083

　多姿多彩的鑲嵌工藝 ·························· 083

國寶檔案 ·· 089

第4章　從彎弓射雕到尚方寶劍

國寶傳奇 ·· 104

鎮館之寶 ·· 107

　誰說女子不如男——婦好鉞 ···················· 107

　良將勁弩威震四海——五年相邦呂不韋戈 ········ 111

　百萬雄兵胸中藏——陽陵虎符 ·················· 113

　抗擊侵略，威震四方——神威無敵大將軍炮 ······ 116

舉世無雙 ·· 119

國寶檔案 ·· 120

博物館參觀禮儀小貼士 ·························· 130

博樂樂帶你遊博物館 ···························· 132

導 言

從傳統走向未來

中國傳統工藝美術歷史悠久、碩果纍纍，是中國傳統文化的重要組成部分，凝結著中華民族幾千年來的智慧與創造，它以別具一格的風範、高超精湛的技藝和豐富多彩的形態，為整個人類的文化創造史譜寫了充滿智慧和靈性之光的一章。

現在，我們要給大家介紹的是織繡品、金銀器、鑲嵌器和兵器這四大類工藝品，它們都是傳統工藝品中的佼佼者，或流光溢彩，或精美絢麗，雖歷經千年的衍變，卻未在歲月變遷中黯然失色，反而越發凸顯出東方民族的特色和魅力。

中國織繡源遠流長，早在新石器時代，先民們就創造了紡織工藝，其後屢經努力、革新，發展出刺繡、緙絲、雲錦、編織等多種工藝，並將它們用於服飾和生活用品的製作中，錦繡文章，衣冠天下。

金銀器在中國的使用可以追溯到三千多年前的商朝，但直到漢朝才開始走上獨立發展的道路，在唐朝迎來了空前的繁榮和輝煌，開創了中國古代金銀器製作的嶄新時代。

早在新石器時代晚期的器物上，就能看到華夏先民對鑲嵌工藝的最初探索，經過夏、商、周三代的發展，至春秋戰國時期已日臻成熟。正是因為古代能工巧匠們的鬼斧神工，才為後人留下了一件件雖沉浮史海數千載，卻仍光彩熠熠的藝術珍品。

“國之大事，在祀與戎。”中華民族歷來極為重視兵器的開發與生產，從商周時期的青銅兵器，到春秋戰國以後的鐵兵器，中國的兵器製作都融入了當時最先進的工藝技術，具有鮮明的民族特色和時代烙印。

這四個門類看似關聯不大，但都呈現了中國傳統工藝獨具匠心、巧奪天工的特點和魅力，值得我們深入了解、細細品味，領會其中蘊涵的工巧精緻而又自然天真的意趣、恬淡優雅的情致，思考我們今天該如何繼承傳統、走向未來。

願這本書能讓小讀者們充分領略傳統工藝之美、之精、之魂，願我們能在“傳統”這個“巨人”的肩膀上，站得更高，看得更遠，更好地走向未來。

第 1 章

從養蠶繅絲到霓裳羽衣

服飾是人類特有的勞動成果，它既是物質文明的結晶，又具有精神文化的內涵。請跟隨我的腳步，一起來看看我們的先人所創造的最早的服飾文化吧！

國寶傳奇

中國古代服飾璀璨華美，湖南省長沙馬王堆一號墓出土的絲織品和服飾達一百多件，而其中一件素紗禪衣的出現創造了世界之最。這件薄如蟬翼的素紗禪衣是目前世界上現存年代最早、保存最完整、製作工藝最精湛的一件衣服。它衣長一百二十八厘米，通袖長一百九十厘米，共用料約二點六平方米，僅重四十九克。它代表了西漢初期養蠶、繅絲、紡織工藝的最高水平。

馬王堆漢墓是西漢初期長沙國丞相軑侯利蒼及其家屬的墓葬。為什麼取名"馬王堆"呢？原來，該墓葬曾被訛傳為五代十國楚王馬殷的墓葬，故稱馬王堆。

1972年，中國人民解放軍某軍區醫院準備在此建造地下病房，從堆底打坑道才進去十米就發生了嚴重塌方，並發現了白膏泥。從白膏泥的小洞中噴出涼氣，一點就著，並燃起淡藍色的火苗，湖南省博物館專家斷定這是一座保存完好的古墓。經有關部門批准，湖南省博物館於1972年1月16日正式發掘東邊已經被打破的一座墓，把它編為一號墓。素紗禪衣就是從這裏出土的。

軑侯利蒼

利蒼，長沙國丞相，曾追隨漢高祖劉邦打天下，後被封為軑侯。

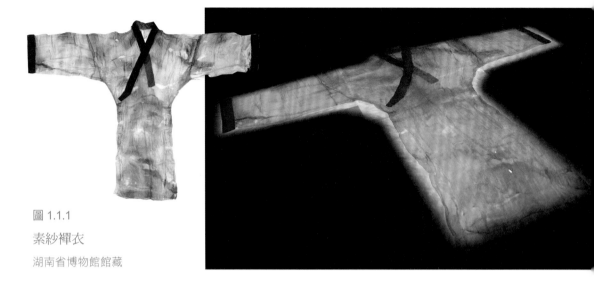

圖 1.1.1
素紗襌衣
湖南省博物館館藏

　　紗，是中國古代絲綢中出現最早的一種，它的組織結構比較簡單，是一種方孔平紋織物。因為是單經單緯交織而成，所以孔眼就充滿了織物的表面，空隙所佔面積特別多，因而顯得非常薄。用"薄如蟬翼、輕若煙霧"來形容它，一點兒也不為過。

　　這件素紗襌衣在湖南省博物館陳列的時候還發生過離奇的被盜事件呢。1983 年的一個早晨，講解員打開展館大門時一下子驚呆了 —— 一排展櫃的玻璃全部被砸碎，裏面的文物不翼而飛。經統計，共有六個展櫃被砸，三十多件珍貴文物被盜。除了這件素紗襌衣，還有一批漆器等文物也離奇"失踪"。由於馬王堆漢墓文物的歷史文化價值極高，加之名氣太大了，公安部高度重視這起文物盜竊案，派出專人督查此案。調查發現，盜賊是從離地幾米高的一個窗戶爬進展館的。

為了防止這批珍貴文物被走私出境，公安部向全國海關發放了這批文物的照片，專案組也進駐省博物館嚴陣以待。

四十多天後，湖南烈士公園報告，在與省博物館相鄰的牆角發現了一包東西，裏面正是部分被盜竊的文物。又過了幾天，長沙市郵政局五一路郵政儲蓄點的櫃檯上，又發現一個無人認領的包裹，上面寫著"湖南省博物館收"，打開一看，素紗禪衣和其他一些文物赫然在目。至此，大部分被盜的文物自己"飛"了回來。可罪犯藏在哪裏呢？一天，一名偵察員在長沙市韭菜園派出所無意中得知，派出所前不久抓獲了一名小偷，他身上帶著一把折斷了刀尖兒的三角刮刀。這名偵察員立刻聯想到文物被盜現場發現的刀尖。經過比對，刀尖和小偷身上的三角刮刀完全吻合。隨後，公安幹警在小偷的家中又搜出了一批失竊文物。全省警察都在找的盜賊居然"藏身"在派出所裏！原來，之前"飛"回來的文物正是小偷的母親迫於壓力悄悄送回去的。

真是好寶貝啊，不翼而飛了不奇怪吧！

鎮 館 之 寶

躲過盜墓賊的寶貝——小菱形紋錦面綿袍

1982 年，湖北省江陵馬山一號楚墓出土了大批戰國時期的絲織品。這些絲織品不僅數量眾多，而且品種齊全，保存完好，許多絲織品屬首次發現，因此被人們譽為"絲綢寶庫"。

圖 1.2.1

湖北省江陵馬山一號楚墓

它是這個樣子的

　　墓中出土的一件小菱形紋錦面綿袍，是一種直裾袍服，最突出的特點就是沒有另外接上曲裾。何為裾呢？裾就是我們現在所說的衣服的前後襟，這件衣服的左右兩片前襟大小相近，都是從胸腋部位起直線向下。兩片前襟在身前交相掩蓋，腰間用帶子束住。

　　這件衣服是怎樣製作出來的呢？首先要把袍子的上部分成八片，衣身兩片，衣袖各三片。製作時，先是縫合，然後再對折成衣，挖出領口。衣服的下部分成五片，也是先把它縫合起來，再縫到上衣上去的。當時的楚國人非常聰明，為了使衣袖活動起來方便，他們在袖子與正身連接的腋下加拼了一塊長方形面料。這種衣服在當時只有楚國的貴婦才能穿著，在馬山一號楚墓出土服飾共二十餘件，現陳列於湖北省江陵縣荊州博物館內。

重見天日

　　1982 年 1 月，荊州博物館接到馬山磚瓦廠的報告，說是在該廠的取土場中暴露出一座古墓。接到報告後，博物館的工作人員立即前往工地調

圖 1.2.2
小菱形紋錦面綿袍
荊州博物館館藏

查。挖掘過程中，在墓坑的側面發現了一個被盜過的大洞，考古人員頓時心裏一緊，古墓裏的寶貝會不會已經被盜走了呢？順著這個大洞慢慢往裏探究，借著手電筒的光，考古人員驚奇地發現兩件木俑身著彩色繡衣站立於頭箱之中，而且繡衣色彩鮮豔，保存完整。這個好消息傳到博物館裏，大家立即奔赴現場，確保這些難得的絲織品文物能夠完整地重見天日。那時候正值冬季，冰天雪地的環境給發掘工作帶來了不少影響，但考古人員克服困難、埋頭苦幹，巧妙地把棺罩和棺分離開來，以便運回博物館後能重新拼合復原，而且這樣也不會傷害到絲織物。等到棺罩揭開後，暴露在大家面前的是滿滿的一棺絲織品，上面蓋著一件素色綿袍，大家對這一發現驚喜不已。而後，工作人員有條不紊地剝離這些絲織物，讓這件小菱形紋錦面綿袍完整地展現在世人面前。這件衣服的發現為中國研究先秦時期喪葬習俗提供了重要資料。

盛唐風貌的再現——大紅羅地蹙金繡半臂

美麗的 "絲綢之路"

張騫是西漢漢中郡城固（今陝西省城固縣）人。漢武帝時期，張騫出任使者，到了西域。他所走的這條道路，東起長安，經過河西走廊到敦煌，再由敦煌分南北兩路到達今天的伊朗和羅馬，這就是我們所說的 "絲綢之路"。千百年來，無數商人在這條道路上往來穿梭，將中國生產的大量精美絲綢販運到世界各地，同時，也把中國先進的種桑、養蠶、繅絲、織綢技術傳播出去，這條商道在隋唐時期達到了全盛期。唐朝的絲綢貿易空前繁榮，因此，現今出土的唐朝絲織品，無論是數量還是品種都達到了前所未有的水平。

陝西省扶風縣法門寺、青海都蘭熱水古墓群、新疆吐魯番阿斯塔納古墓群、甘肅敦煌藏經洞被稱為 "絲綢之路上的四朵奇葩"。其中，以法門寺地宮出土的絲綢數量最大、等級最高、工藝最精湛，而且有明確的記載，堪稱唐代絲織品的寶庫。大紅羅地蹙金繡半臂就是其中的一件精品。

1981 年，陝西關中突降暴雨。此前，法門寺塔以傾斜之姿屹立了三百多年。此時，塔體重心

我們是大漢的使者。

圖 1.2.3
法門寺塔

偏離三米多，西南角塔基下陷一米有餘。所幸寶塔初建時結構嚴謹，建築技術高超，所以才保持三百多年屹立不倒。暴雨襲來，法門寺塔西南半部在暴雨中轟然倒塌，塔內所藏佛經、佛像紛紛跌落地面，但另一半塔絲毫沒有坍塌，成為一大奇觀。保護迫在眉睫，陝西省政府很快做出重修法門寺塔的決定，並成立了重建法門寺塔委員會。

1987 年春天，重建工作開始，首先做的是拆除殘塔，整理佛像、經書和其他文物。為了重打地基，陝西省考古文物部門開展了對佛塔地宮的發掘工作。在西北角的清理和挖掘中，考古人員刨開三處碎石，一個地洞展現在大家面前。陽光直射下去，裏面金碧輝煌，埋藏了上千年的秘密在這一刻浮出水面……

夢回唐朝

1987 年 4 月，法門寺地宮被打開了，地宮裏的兩千四百九十九件珍寶橫空出世。除了琳琅滿目的金銀器、秘色瓷、琉璃器等國寶外，還有大量五彩斑斕、幻彩異色的絲綢服飾，彷彿讓人們穿越回了大唐。其中一件微縮版的對開襟的短袖上衣顯現在世人面前，它就是大紅羅地蹙金繡半臂。袖長十四點一厘米、身長六點五厘米，衣服

圖 1.2.4
大紅羅地蹙金繡半臂
法門寺珍寶館館藏

上用金綫盤結成象徵吉祥如意的折枝花。這種服
飾始於隋朝，多為內官之服。唐朝時一般士人也
競相穿著此款服飾。根據這件衣服的比例，衣長
只能夠過胸，但這恰恰體現了人體的自然之美。
唐朝佳麗的高貴富態和對時尚的大膽追求在這件
衣服上體現得淋漓盡致。

　　這件衣服現藏於法門寺珍寶館內。

萬曆皇帝的寶藏──定陵衰服

重見天日

　　定陵是明十三陵之一，位於北京市昌平區境
內天壽山南麓，是明朝第十三位皇帝朱翊鈞（即

萬曆皇帝）和他的兩個皇后的陵墓。它是十三陵中唯一一座進行了考古發掘的陵墓。

1956 年 5 月 19 日清晨 7 時，隨著副隊長白萬玉一聲令下，發掘工作隊開始了對中國帝王陵墓的第一次主動運用考古學方法進行的科學發掘。經過一年多的艱苦發掘，定陵出土了大批珍貴文物，其中出土的皇帝服飾多達十四類。

它是這個樣子的

袞服，是中國古代最高等級的服飾之一，樣式與普通龍袍類似。袞服上飾有十二章紋飾，即日、月、星辰、山、龍、華蟲、宗彝、藻、火、粉米、黼、黻，非常獨特，是君王在最隆重的場合穿的衣服。定陵出土的萬曆皇帝的袞服一共有

圖 1.2.6
定陵袞服
定陵博物館館藏

012

五件，分別採用緙絲和織繡工藝，現藏於定陵博物館。

　　明朝對衰服的織造十分重視，一般由內織染局承辦。織前先由欽天監選擇吉日，再由禮部題請，派遣大臣祭告，最後開工。織造工藝精湛，一般做這樣一件衰服需要花上十年的時間。出土的衰服中有一件上面寫有：萬曆四十五年衰服一套收。

　　定陵出土的衰服，織造之精不同凡響。以緙絲衰服為例，這種工藝起源於漢魏時期，織造時不用大型織機，而是採用通經斷緯、小梭挖織的技術，具有獨特的民族風格。而定陵緙絲衰服所用的織造材料尤為珍貴，大量地採用赤圓金織緯，是歷代緙絲織物中極少見的。大面積採用孔雀羽絨製龍紋，則使衰服金翠相映，華麗生輝。此外，衰服還用了藍、紅、綠、黃等二十八種彩絨。其中經綫全為強拈絲綫，每厘米的地子用二十二根；緯綫全為不加拈的彩絨，每厘米多達一百根。經過這樣的色彩搭配和工藝處理，衰服更加富麗堂皇、莊重大方，與皇帝至高無上的身份地位相得益彰。

皇上的衣服還挺多的。

舉 世 無 雙

中國歷代服飾的製作工藝大致可以分為紡織、染色、刺繡、裁剪、縫紉五大類。

紡織

圖 1.3.1

浙江錢山漾遺址出土的絹片

紡織是除了製作裘皮等物之外，服裝製造中使用最多的工藝技術。它是布帛生產中最基本的兩道工序：紡是指紡紗，織是指編織。而蠶絲就是最重要的織物原料。從考古發掘來看，山西夏縣西陰村出土的公元前 3500 年左右仰韶文化時期的桑蠶繭和距今五千年左右的浙江錢山漾良渚文化出土的絲織品殘片說明當時的絲織技術已經具有相當的水平，所以說中國是世界上最早發明絲綢的國家。那麼，絲綢是如何形成的呢？蠶寶寶在出生後不久就開始吃它們的食物——桑葉。它

胖蠶說：我吃得最多，所以結的繭最大。

圖 1.3.2
養蠶繅絲圖

吃得越多就長得越快，但是每隔一段時間，蠶寶寶就會出現“食欲不振”甚至什麼都不吃的症狀，而且還會從嘴巴裏吐出一絲絲的東西把自己固定在蠶座上面，好像睡著了一樣，其實它是在為蛻皮換新衣做準備。當蠶寶寶進行了五次蛻皮後，它們已經完全長大，腹部變得透明，嘴裏吐出絲縷，腦袋不停搖擺，開始結繭。智慧的祖先正是利用蠶繭裏抽出的蠶絲，進而形成了繅絲技術，將它們變成五光十色的絲綢，所以我們稱之為養蠶繅絲。蠶絲被撈取之後，經過絡絲、併絲、加拈等工序後便可以紡織了。

染色

染色是將紡織而成的紗綫和織造而成的布帛進行上色添彩的專門工藝。

古代的染色工藝和現代並不完全相同,但基本上分為兩種:一種是浸染法,就是將織物浸入染缸全面染色;另一種為印染法,就是在織物上繪畫、印花或染纈。

早在距今六七千年前的新石器時代,先民就能用赤鐵礦粉末將麻布染成紅色。居住在青海柴達木盆地諾木洪地區的原始部落,能把毛綫染成黃、紅、褐、藍等顏色,並織出帶有彩色條紋的毛布。商周時期,染色技術不斷提高,宮廷手工作坊中設有專職的官吏"染人"來"掌染草",就是管理染色生產。染出的顏色種類也不斷增加。到了漢代,染色技術達到了相當高的水平。

我真是天才呀!染出這麼美的布。

我是一個勤快的小"染人"。

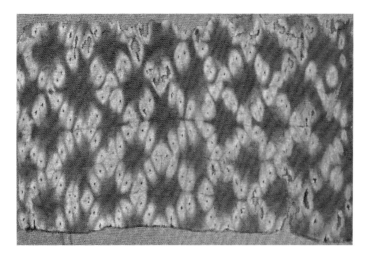

刺繡

刺繡是用繡針牽引彩綫在布帛上刺紮花紋的工藝。

刺繡的工藝要求是順、齊、平、匀、潔。順是指直綫挺直，曲綫圓順；齊是指針跡整齊，邊緣無參差；平是指繡面平服，絲縷不歪斜；匀是指針距一致，不露底，不重疊；潔是指繡面光潔，無墨跡等污漬。

相傳，中國的刺繡起源於堯舜時代，夏商周和秦漢時期得到發展。迄今為止發現的最早的刺繡實物是河南安陽殷墟婦好墓出土的殘片，依稀能分辨出上面的針法。

漢朝刺繡工藝開始展露其藝術之美，到了

圖 1.3.5
繡花女子

唐朝，刺繡開始廣泛運用，新的針法層出不窮，直至宋朝已發展到數十種針法。明朝由於手工藝的高度發達，刺繡佔據著很高的地位，尤其以上海露香園的顧繡最具成就。到了清朝，蘇繡、粵繡、蜀繡、湘繡四大名繡廣為流行。各地繡法自成體系，各具風格，許多工藝流傳至今。

裁剪

裁剪工藝在中國傳統服飾中也頗有特色。

傳統的中式服裝用的是平面裁剪法，而西式的服裝用的是立體裁剪法，但兩者都是根據人體的結構測量取樣的。戰國時期裁剪一件深衣需衣料兩疋，到了漢代減為一疋，唐代已經可以用一疋布料裁剪出兩件衣服了。這其實是隨織物的門幅寬窄變化而變化的。

圖 1.3.6

戰國鳳鳥花卉紋繡淺黃絹面
綿袍

荊州博物館館藏

圖 1.3.7

西漢朱紅菱紋羅絲綿袍

圖 1.3.8

唐代裙襦大袖

縫紉

　　縫紉是製作傳統服飾的最後一道工序。古代服飾的製作幾乎完全是依靠手工的，這也正可以體現出製作者的工藝水平和智慧。縫紉過程中，根據不同的面料和要求，採用多樣的針法進行縫合，通過縫、納、鑲、嵌、補、盤等技法，讓一件平整、挺括的服裝展現在世人面前。

圖 1.3.9
縫衣圖

圖 1.3.10
裁衣圖

國 寶 檔 案

如意流雲紋羅紗七品忠靖服

年代：明代

器物規格：衣長 70 厘米，兩袖通長 221.5 厘米，
袖寬 111 厘米

出土時間：1978 年

出土地點：貴州玉屏明代曾鳳彩墓

所屬博物館：貴州省博物館

　　身世揭秘：補子，又稱“補服”“補褂”。補子用金綫及彩絲繡成，是從明代開始出現在百官的大襟袍上的。文官繡鳥，武官繡獸，綴於前胸及後背，是官服上標識品級的徽飾。明代補子以素色居多，一般為整塊，大的直徑達四十厘米，四周一般不用邊飾。清代補子比明代略小，一般直徑為三十厘米。因清代的補子是縫在對襟褂上的，所以它的前片都從中間剖開，分成兩個半塊。另外，清代補子多是彩色的，底子的顏色則用黑色、深紅等深色，四周全部裝飾有花邊。補子的飾圖均有嚴格的等級規定，如清代，親王補

子用團龍，文一品官補子用仙鶴等。明清兩代官員常服均有補子，但其內容不盡相同，如明一品武官常服的補子為獅子補，清代則為麒麟補。

據《明會典》記載，洪武二十四年（1391 年）規定，補子圖案分別為公、侯、駙馬、伯：麒麟、白澤；文官繡禽，以示文明：一品仙鶴，二品錦雞，三品孔雀，四品雲雁，五品白鷳，六品鷺鷥，七品鸂鶒，八品黃鸝，九品鵪鶉；武官繡獸，以示威猛：一品、二品獅子，三品、四品虎豹，五品熊羆，六品、七品彪，八品犀牛，九品海馬；雜職：練鵲；風憲官：獬豸。除此之外，還有的補子圖案為蟒、鬥牛等，這些屬明代的"賜服"類。

圖 1.4.1
補子圖案

圖 1.4.2
如意流雲紋羅紗
七品忠靖服

身世揭秘：裙，是圍穿於下體的服裝，廣義上包括連衣裙、襯裙、腰裙等。裙自古以來就通行世界，如古埃及人的麻布透明筒狀裙，古希臘人的褶裙，兩河流域蘇美爾人的羊毛圍裙，古印度雅利安人的紗麗裙。

中國先秦時期男女通用上衣下裳，裳就是裙。魏晉南北朝時期時興直襟式長裙，並有單

圖1.4.3

毛編繩裙

裙、襯裙、複裙（外裙）之別。隋唐以後，女子盛行上襦下裙，裙的品種、款式日益豐富。

中國女性穿裙有著幾千年的歷史，從粗毛編織用於遮體禦寒，到精絲繡作用於裝飾，千姿百態的裙子不但反映了中國紡織技術的發展，還展示了人們審美追求的衍變。現存最早的具有短裙形狀的實物是出土於新疆羅布泊地區小河墓的毛編繩裙，也被稱為腰衣，距今已經有三千多年的歷史了。出土的時候色澤如新，讓人歎為觀止。這件裙子以原色羊毛綫做經緯綫，並以兩豎道紅色的毛綫做裝飾。腰帶的兩頭以及下面由經綫自然下垂呈流穗狀，腰帶兩端由延長的兩根緯綫合股拈成粗繩，用於繫結在胯部。

清代明黃緞繡雲龍壽字錦龍袍

年代：清代

器物規格：衣長 143 厘米，兩袖長 190 厘米，
　　　　　袖口寬 17 厘米，下襬寬 126 厘米

所屬博物館：故宮博物院

身世揭秘：龍袍是古代皇帝穿的衣服，上面繡著龍形圖紋，又叫龍袞。它的特點是盤領、右衽、黃色。此外，龍袍還泛指古代帝王穿的龍章

圖 1.4.4
清代
明黃緞繡雲龍壽字錦龍袍

圖 1.4.5
清代《皇朝禮器圖式》
中的龍袍圖式

禮服。皇帝的龍袍屬吉服，比朝服、袞服等禮服略次一等，一般平時穿得多。清朝皇帝穿龍袍時講究可多啦，必須戴吉服冠，束吉服帶，掛朝珠。

清朝皇帝的龍袍以明黃色為主，也可用金黃、杏黃等顏色。古時稱帝王之位為九五之尊。"九""五"兩數，通常象徵著高貴，在皇室建築、生活器具等方面都有所反映。據文獻記載，清朝皇帝的龍袍繡有九條龍。

不對呀，咱們看到的這件衣服前後只有八條龍，與文字記載不符。其實這條龍只是被繡在衣襟裏面，一般不易看到。這樣一來，每件龍袍實際為九龍，而從正面或背面看時，所看見的都是五龍，與九五之數正好吻合。另外，龍袍的下襬，斜向排列著許多彎曲的綫條，稱為水腳。水腳之上，還有許多波浪翻滾的水浪，水浪之上，又立有山石寶物，俗稱"海水江涯"，它除了表示綿延不斷的吉祥含意之外，還有"一統山河"和"萬世昇平"的寓意。

第 2 章

從金縷玉衣到乾隆金髮塔

流光溢彩的金銀器，不僅證明了擁有者的富貴權勢，更是一個時代文明的縮影，讓我們走近它們，聽一聽光彩背後的故事……

國寶傳奇

在漢代，人們相信"玉能寒屍"，把玉石、金銀做成的器物穿戴在逝者的身上，就能鎖住人的精氣，保持屍體長久不腐。因此，當時的王公貴族都流行用金玉陪葬，希望來世再生。皇帝死了以後，要穿上金縷玉衣。金縷玉衣是漢代規格最高的喪葬殮服，它是用金綫把許多玉片串連起來做成的衣服。諸侯死去時只能穿銀縷玉衣，而一般的貴族和長公主只能穿銅縷玉衣。不同的玉

圖 2.1.1
金縷玉衣
河北省文物研究所藏

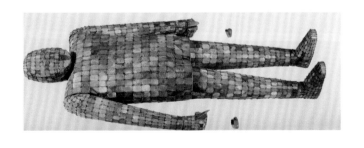

圖 2.1.2
銀縷玉衣
南京博物院館藏

圖 2.1.3
銅縷玉衣
台灣奇美博物館館藏

衣象徵著不同的身份等級。

劉勝是漢景帝劉啟的庶子，漢武帝劉徹的異母兄長。公元前 154 年，漢景帝劉啟封劉勝為中山王，謚號為"靖"，史稱中山靖王。史書記載，劉勝做了四十二年中山王，於公元前 113 年病死。劉勝生前下令為他和他的妻子竇綰打造了兩件金縷玉衣做殮服。這兩件是迄今為止發現的年代最早、保存最完整的金縷玉衣。1968 年，這兩件金縷玉衣出土時，轟動了世界。

當時，解放軍戰士正在河北省滿城縣西南的陵山進行一項國防工程。當戰士們在一處地方打眼放炮時，一件意想不到的事情發生了。爆炸聲過後，一名走在前面的戰士，雙腳突然失去了支撐，身體隨著碎石猛然沉了下去。等他完全反應過來時，一個漆黑的洞口出現在他的眼前。幾天

圖 2.1.4
劉勝墓外景

以後，一份標有"絕密"字樣的報告出現在國家領導人的辦公桌上。報告裏說，滿城發現了一座古墓。

隨即，周恩來總理把滿城發現古墓的消息告訴了時任中科院院長的郭沫若，並讓他負責滿城古墓的發掘工作。於是，郭沫若帶領一批考古專家趕到了古墓現場進行發掘清理，隨後確定這座墓室的主人就是西漢時期第一代中山王劉勝，並在劉勝墓的北面發現了其妻竇綰的墓室。

圖 2.1.5
專家修復玉衣

在劉勝墓中，專家們發現了幾塊散落的玉片，誰也沒有想到，清理之後，在它的下面，出現了一件金縷玉衣。隨即，在竇綰的墓室中也發現了一件。由於年代久遠，部分玉片已經散亂。經過專家們的細心修復，兩套金縷玉衣終於展現在世人面前。

劉勝的金縷玉衣共用玉片兩千四百九十八片、金絲一千一百克。竇綰的金縷玉衣共用玉片兩千一百六十、金絲七百克。一套金縷玉衣由頭罩、上身、袖子、手套、褲筒和鞋六個部分組成，製作一件金縷玉衣所花費的人力和物力是十分驚人的。

製作金縷玉衣難度最大的要數玉衣的手套部分，它也是玉衣中最為精巧的部分。玉衣所用的金絲一般長四五厘米，最細的金絲直徑只有零點零八毫米，相當於一根頭髮絲的細度，分佈在手套各處。按照現在的工藝水平推算，西漢時期製作這樣一件金縷玉衣，要由上百個工匠花費兩年多的時間才能完成。

由於金縷玉衣象徵著帝王尊貴的身份，所以有著非常嚴格的工藝要求。漢代的統治者還設立了專門從事玉衣製作的"東園"，而製作一件中等型號的玉衣所需的費用相當於當時一百戶中等人家家產的總和。

古代的人們雖然認為金玉能令屍體不腐，但這只是人們的美好願景罷了。當考古專家打開那

圖 2.1.6
劉勝金縷玉衣
河北省文物研究所藏

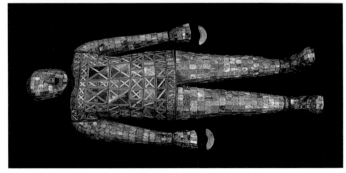

圖 2.1.7
劉勝妻竇綰金縷玉衣
河北省文物研究所藏

神秘的洞室時，期望能夠"金身不敗"的墓主早已化作一泥土，永遠地消逝了。

用金縷玉衣做殮服不僅沒有實現王侯貴族們保持屍骨不腐的心願，反而因為價值連城而更易招來盜墓賊，許多漢王帝陵往往因此而多次被盜。到三國時期，魏文帝曹丕下令禁止使用金縷玉衣，從此金縷玉衣退出了歷史舞台。

目前，漢墓中發現的金縷玉衣只有十多件，劉勝夫婦這兩件是其中年代最早、做工最精美的，現在被收藏在河北省文物研究所，是中國的頂級國寶之一。

哇，這種衣服雖然價值連城，但是它得有多重啊？！

鎮 館 之 寶

神秘土地上的權力象徵——三星堆金杖

　　成都平原是一個歷史悠久、文化發達的地區，是長江上游文明起源的中心。三千多年前，這裏就是一片四季如春、物產豐富的天府之國，平原上生長著茂密的植被，西部高原山上的冰融化以後又匯聚成一條條河流，使得古代先民們在這裏繁衍生息，創造了輝煌的古蜀文明。

失落的文明

　　但是，由於種種原因，這一偉大的文明湮滅在歷史洪流中，成為失落的古文明。因為沒有確切的記載以及考古發現，很久以來，人們一直認為，公元前316年秦國派張儀滅掉古蜀國後，把它劃分為秦國的蜀郡，然後大量輸入華夏文明，才使成都平原進入文明時代。在張儀滅蜀之前，古人用了八個字來描述當時的蜀人：不曉文字，未有禮樂。意思就是他們不認字，也不知道禮儀教化，完全處在一種蒙昧無知的狀態。這八個字

"不曉文字，未有禮樂。"古蜀人真的是這樣的蒙昧無知嗎？
我懷疑喲！

掩蓋了古蜀文明的真相，擋住了兩千年來歷代學者關注的目光。

"蜀道之難，難於上青天！蠶叢及魚鳧，開國何茫然！爾來四萬八千歲，不與秦塞通人煙。"這是唐代大詩人李白的代表作《蜀道難》中對古代蜀國歷史的模糊認識。這種認識持續了數千年，隨著 1986 年三星堆遺址祭祀坑的發現，古代蜀國光輝燦爛的文明才又一次呈現在世人眼前。

三星堆遺址重見天日

1929 年春，四川廣漢月亮灣，當地農民燕道誠父子挖地下水坑時發現了四百餘件精美的玉器。在挖出寶物之後，他們將其中大部分贈給了親友鄰居，這使得部分文物流傳到了成都，引起了當時學者的關注。但是在那個兵荒馬亂的年代，考古工作只能被擱置。

1986 年，四川大學歷史系和四川省文物考古研究所聯合在三星堆和月亮灣進行挖掘，大家辛勤工作了幾個月卻一無所獲。但是無心插柳柳成蔭，當地磚場工人在取土的時候發現了兩個奇怪的"大坑"。考古人員立即趕到現場進行探查，三星堆遺址終於浮出水面，成都平原失落的古文明開始散發出它迷人的光彩。

圖 2.2.1

金杖圖案摹本

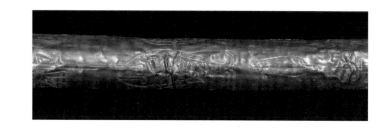

圖 2.2.2
金杖局部圖
三星堆博物館館藏

　　三星堆出土了大量珍貴的文物，金銀器的數量也是相當驚人的，其中就有一件引人注目的稀世珍寶 —— 金杖。

　　這根金杖全長一百四十二厘米、直徑二點三厘米、黃金淨重約五百克。與當時社會非常流行的青銅器一樣，金杖可能象徵著國家的權力。金杖原本是用捶打好的金箔包捲在一根木桿上的，由於年代久遠，木桿早已碳化，但是金箔至今保存完整，所以我們現在還能看到金杖上栩栩如生的圖案。

　　金杖的一端雕刻了三組圖案，靠近端頭的一組雕刻有兩個前後對稱的人頭圖像。頭像面帶微笑，頭上戴著高冠，兩隻耳朵各垂著一副三角形的耳墜。杖中間的兩組圖案大致相同，上方是兩隻鳥頭部相對，下方是兩條魚背部相對，鳥和魚的頸部各疊壓著一根好似箭翎的圖案。

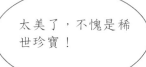

太美了，不愧是稀世珍寶！

權力的象徵

　　金杖上的人頭圖案，與三星堆出土的另一件銅大立人像相同，都是頭上戴著五齒高冠，耳朵佩戴三角形耳墜，這樣的設計有什麼專門的意思嗎？研究人員告訴我們，金杖上所刻的人頭像為蜀王。魚能夠深潛到水底，鳥能夠直衝雲霄，所以，金杖上的魚和鳥象徵著蜀王的權力至高無上。

　　在同時代的黃河流域，人們用大型的青銅器，例如青銅鼎來象徵王權；在長江流域的良渚文化中，玉杖是權力的象徵；而遠在西亞北非地區的古埃及，則是使用權杖作為權力的象徵。由此我們可以想見，在人類社會的歷史長河中，杖是一種非常重要的象徵物，它象徵著權力。三星堆金杖的發現印證了這一點，也對我們了解古蜀文化有著十分重要的意義。該金杖現藏於四川三星堆博物館內。

圖 2.2.3

金杖展出照片

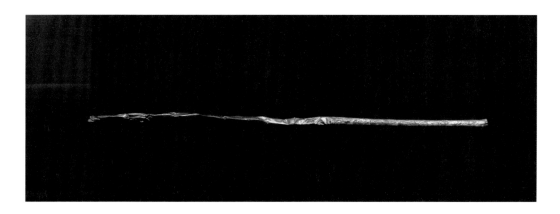

寺廟中挖出的高科技——鎏金銀香囊

傳說佛祖釋迦牟尼入滅後，遺體火化結成舍利。公元前三世紀，阿育王統一印度後，為弘揚佛法，將佛祖的舍利分成八萬四千份，分送到世界各國建塔供奉。中國有十九處，法門寺就是其中之一，傳說佛祖舍利就埋藏在法門寺的地宮之中。

唐朝的二百多年間，先後有八位皇帝八次前往法門寺供養佛祖舍利，每次迎送聲勢浩大，朝野轟動。皇帝對佛祖舍利的頂禮膜拜以及虔誠供養，等級之高，絕無僅有，這也使得法門寺成為當時最著名的皇家寺院及佛教聖地。

圖 2.2.4
法門寺

神秘的發現

1987 年 4 月 3 日，在對法門寺佛塔進行修繕的過程中，人們意外地發現了一個洞口。隨即，考古人員立刻趕到現場，在發掘中發現了一塊漢白玉石板。清掉石板上覆蓋的浮土，一尊雄獅浮雕顯露出來。當考古人員推開漢白玉石板旁的碎石時，一個洞口出現在人們眼前，看來法門寺地宮是確實存在的。果然，隊員們在前方的大殿後發現了一個漫步踏道，它應該就是通往地宮的入口。

這是中國考古史上的一次重大發現，經過考古發掘，法門寺地宮裏出土的文物數以千計，包括大量的金銀器物，僅唐代皇室供奉的金銀器就有一百二十一件，其中就有迄今為止發現的最大的唐代鎏金銀香囊。

圖 2.2.5
法門寺地宮入口

它是這個樣子的

圖 2.2.6
唐代鎏金銀香囊
法門寺珍寶館館藏

香囊的質地為銀，呈球形，由分作上下兩半球的囊蓋和囊體扣合而成。整個香囊用花葉裝飾，並採用鎏金工藝，中間閉合部分裝飾了一圈連續的蔓草花紋，其間上下等距離地裝飾著六簇團花，除頂部和底部外，其餘團花內各鏨刻出兩隻飛舞的蜜蜂，好像穿行於萬花叢中。花葉之間的空白處做成鏤空的樣式，使得香氣可以散發出來。

古代的"高科技"

香囊的構造是在囊身口緣處鉚接兩個平衡環和裝香的香盂，以小軸支撐，兩個平衡環可各做三百六十度轉動，這樣無論香囊如何翻轉滾動，香盂始終保持水平狀態，裏面的香不會傾倒熄滅，香灰也不會灑漏出來。這一原理，在當時來

講十分先進，現在的航空、航海儀錶等都用到了
這一技術。而遠在一千二百多年前，我們的祖先
已經將這種技術應用到日常生活中，其智慧、技
能之高，令人讚歎不已！

事實上，熏香的起源很早，相傳軒轅黃帝曾
燃用過“沉榆之香”，在漢代人們也十分喜歡用
香熏衣物，各地出土的博山爐就是最好的證明。
到了唐代，熏香的風氣更加興盛，唐詩中就出現
了“閒坐印香燒，滿戶松柏氣”的句子。由於銀
香囊採用了平衡環，所以即使放到被子裏也不會
傾倒熄滅，且它同時具有熏香和取暖的雙重功
效，也被稱為“被中香爐”。

安史之亂中，楊貴妃被賜死。唐玄宗回來之

圖 2.2.7

香囊內部結構

後思念楊貴妃，秘密下令改葬，派去的人回來說貴妃肌膚已經朽壞，但香囊仍然保存完好。想必那香囊就與法門寺這件鎏金銀香囊極其相似。

這件鎏金銀香囊的造型、構圖、製作實現了裝飾性和實用性的完美統一，令人歎為觀止，現被收藏在法門寺珍寶館內。

皇帝的孝心──清乾隆金髮塔

乾隆四十二年（1777 年）正月二十六日，崇慶皇太后在圓明園病逝，享年八十六歲。對於生母的病逝，乾隆悲痛萬分，好幾天都茶飯不思。為了表達對母親的哀思，乾隆突發奇想，下旨建一座金塔供奉皇太后的頭髮。

為什麼要供奉太后的頭髮呢？因為在古代，人們通常都會保存先人的頭髮，把它供奉起來作為紀念。

曲折的建造過程

乾隆皇帝聖旨一下，內務府造辦處就開始籌建金髮塔。可是有一個問題難住了內務府的官員們。當時人們聽說，佛教始祖釋迦牟尼去世後，曾造過一座髮塔存放他的遺物，但這只是傳說，

圖 2.2.8
崇慶皇太后像

到底髮塔應該是什麼模樣，沒有人知道，連一點
仿照的東西都沒有，這該怎麼辦呢？就在大家一
籌莫展的時候，乾隆皇帝想出了一個辦法，皇宮
西佛堂裏有幾座小金佛塔，可資借鑒。這下內務
府有了辦法，就先用木頭做了一個金髮塔的模型
給皇帝看，可是塔內需要供奉一尊無量壽佛，這
個髮塔太小，怎麼也裝不下。乾隆皇帝下令將髮
塔建造得再高大些。可是問題又來了，要建造這

圖 2.2.9
乾隆皇帝像

圖 2.2.10
清乾隆金髮塔
故宮博物院館藏

樣一座大型的髮塔，皇宮裏存放的黃金根本不夠用。於是，大臣們思慮再三，奏請皇帝把皇宮裏的一本金冊、一顆金印、一些金盆、金湯匙、金筷子等全都熔化用來建造金髮塔，但是仍然不夠，後來加了些白銀兌化才勉強夠用，所以這座金髮塔實際上只是用了六成金。

經過內務府造辦處工匠們三個多月的緊張趕製，金髮塔終於製成。期間，乾隆皇帝一共下了二十幾道聖旨，並且委派和珅等全程監督，可見他對金髮塔的重視。金髮塔建成以後，因其精細繁複的工藝、高峻玲瓏的造型、端莊華麗的紋樣，成為一件舉世罕見的藝術珍寶。

它是這個樣子的

金髮塔高超過一點五米，由下盤、塔門、塔肚、塔頸、塔傘及日月六部分組成，而且在一些地方鑲嵌了珠寶。塔肚內佛像後放置了一個金匣，用來存放太后的頭髮。

當年，工匠們在酷暑之時還要熔化金銀，小心翼翼地錘打、製作，可以想像他們的艱辛。兩百多年過去了，這座金髮塔被展示在故宮博物院，仍然熠熠生輝，足見工匠們的精湛技藝。

圖 2.2.11

清乾隆金髮塔（局部）

舉世無雙

　　中國古代金銀器憑藉品種繁多的造型、多種多樣的用途以及絢麗奪目的色澤，吸引著幾千年來人們關注的目光。當然，這些精美別致的珍貴藝術品也離不開工匠們高超精湛的製作工藝。

錘鍱

　　錘鍱，是利用金銀極富延展性的特點，用錘敲打金銀塊，使之延伸展開呈片狀，再按要求製成各種器形和紋飾的技法。錘鍱技術是精細工藝的基本技法之一，一直沿用至今。

圖 2.3.1
錘鍱工藝的典範——
唐摩羯紋八曲銀長杯
陝西歷史博物館館藏

金沙遺址出土的太陽神鳥金飾就是運用了錘
鍱工藝，先把黃金加熱鍛造成為圓形，然後經過
反覆錘鍱變薄，最後根據相應紋飾的模具進行刻
劃和切割而成。陝西歷史博物館收藏的唐代摩羯
紋八曲銀長杯就使用了這種工藝，杯中精美的摩
羯紋飾皆為錘鍱而成，可見當時工藝的精湛。

圖 2.3.2
累絲嵌寶石金鳳簪
首都博物館館藏

鑲嵌

鑲嵌工藝有著悠久的歷史，它是在鑄造金銀
器時，在需要鑲嵌的部位表面鑄成淺槽，再將需
要鑲嵌的材料嵌入凹槽，並打磨得平整光滑的金
銀製作工藝。古代工匠在製作金銀工藝品時，為
了使金銀器更加華美，更能彰顯佩戴者的身份等
級，往往會在金銀器上鑲嵌各種不同的寶石，來
增加金銀器的奢華感，這就要用到鑲嵌工藝了。

圖 2.3.3
累絲嵌寶石人物紋金簪
首都博物館館藏

現藏於內蒙古博物院的匈奴王金冠就是運用
了鑲嵌的工藝。在鑄造冠頂的雄鷹時，在雄鷹的
頭部留下了一個凹槽，再把雕琢成鷹頭形狀的綠
松石嵌在裏面，使得整件器物更加獨特、華麗，
顯示了匈奴首領至高無上的權力。

圖 2.3.4
點翠鳳形銀簪
北京藝術博物館館藏

圖 2.3.5

匈奴王金冠

內蒙古博物院館藏

掐絲、累絲、炸珠

下面這件漢代的金灶，除了使用錘堞、鑲嵌的製作工藝之外，還有掐絲、累絲、炸珠等工藝程序，展現了漢代最先進的工藝水平。

掐絲，是將金銀或其他金屬細絲，按照花紋的曲度彎折，掐成圖案，然後粘焊在器物上。這項工藝不僅在寶石、金銀器上使用，在琺琅器上也有使用，如掐絲琺琅等。金灶四周邊緣就用了掐絲的方法把金絲和金珠裝飾成絲帶的樣子。

累絲，是指將黃金拉成金絲，然後將其編成辮股或各種網狀組織，再焊接在器物上。金灶的煙囪就是利用這種技法製成的。

圖 2.3.6
採用掐絲、炸珠工藝
製作的漢代金灶

炸珠，是將黃金溶液滴入溫水中，形成大小不等的金珠。形成的金珠通常焊接在金銀器物上以做裝飾，通常裝飾成聯珠紋、魚子紋等，如金灶鍋內象徵米飯的金珠就是通過炸珠工藝製成的。

令人稱奇的是，這件金灶在製作中採用的許多工藝方法，是漢代以前北方匈奴常採用的方法。這反映了當時中原地區和北方草原地區的文化交流比較頻繁。

鏨花、鎏金

　　鏨花，是指用各種大小、紋理不同的鏨子、小錘敲擊鏨具，使金屬表面留下鏨痕，形成各種不同的紋理，達到裝飾器物的目的。這種工藝具有獨特的裝飾效果，它使單一的金屬表面產生多層次的、變換的立體效果，既光彩絢麗，又非常和諧。鏨花這項工藝始於春秋晚期，盛行於戰國，此後歷朝歷代都有使用。

圖 2.3.7
銀瓶
四川博物院館藏

圖 2.3.8
如意紋金盤
南京博物院館藏

圖 2.3.9

金甌永固杯

故宮博物院館藏

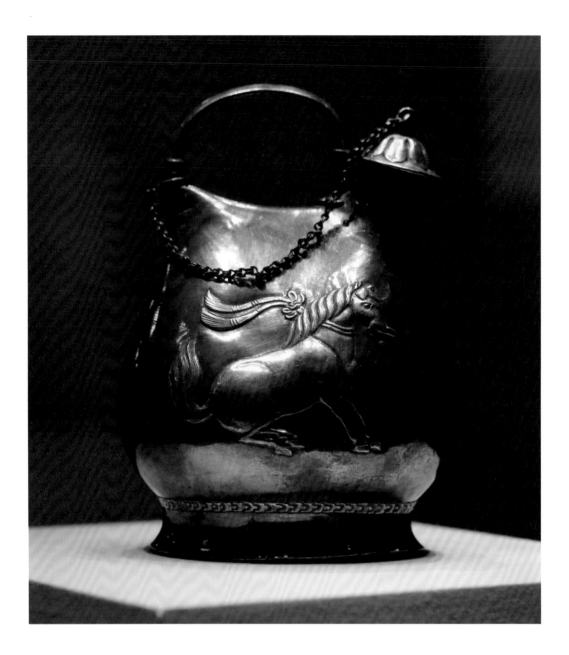

圖 2.3.10

舞馬銜杯紋銀壺

陝西歷史博物館館藏

鎏金，是將黃金熔於水銀之中，形成金泥，塗在器物的表面，再進行高溫烘烤，讓水銀蒸發，使黃金緊緊附著在器物上，最後用堅硬的瑪瑙或玉石做壓子，在鍍金面上反覆磨壓，使鍍金的地方光亮耐久，這種工藝技法就是鎏金。

上面所展示的唐代的舞馬銜杯紋銀壺就是採用了鏨花和鎏金這兩種工藝，先錘堞出器物的形體和馬的輪廓，然後鏨刻細部紋樣。銀壺上的馬為浮雕效果，肌肉用錘堞工藝表現出來，細部鬃毛則用鏨刻的方法，再在馬身上鎏金，和銀壺產生鮮明的對比，從而把馬矯健的身姿表現得十分生動。

同樣運用鏨花工藝的還有清代的乾隆金髮塔，整座髮塔都採用鏨花工藝，各種大小不同的凸起凹陷展現出精美絕倫的圖案，立體感十足。

圖 2.3.11
銀壺細節圖

國 寶 檔 案

太陽神鳥金飾

年代：商代晚期

器物規格：外徑 12.5 厘米，內徑 5.29 厘米，
　　　　　厚 0.02 厘米

出土時間：2001 年

出土地點：成都金沙遺址

所屬博物館：金沙遺址博物館

身世揭秘：2001 年 2 月 8 日下午，在成都近郊金沙村的管道施工中，意外挖出了銅器、石器等文物。隨即，考古人員展開了大規模的科學發掘，發現了大批金器、玉器、銅器和象牙製品，令人驚歎不已！

2 月 25 日上午十點左右，一件特別的金飾被發掘出來，金飾上刻劃的圖案清晰可見。整件金飾的輪廓呈圓形，圖案分內外兩層，都是鏤空的。內層是由十二條弧形組成的圖案，很像一個旋轉的火球或太陽；外層是由四隻相同的逆時針飛行的鳥構成，這四隻鳥都伸長了脖子，腳往後

圖 2.4.1
太陽神鳥金飾

蹬，呈現出展翅飛翔的樣子。這件金飾很容易使人聯想到神話傳說中與太陽相關的神鳥，因此，專家學者將它命名為太陽神鳥金飾。

在古代，金器、玉器代表了王權，中國古代的先民們又常常將太陽和鳥聯繫在一起，因此，這件金飾極有可能就是古蜀王舉行盛大祭祀典禮時遺存下來的寶物。中華民族很久以前就有崇拜太陽的習俗，在所有關於太陽崇拜的文物當中，這件太陽神鳥金飾的圖案最為精美，表達了中國古代先民追求光明、團結奮進、和諧包容的精神。因此，國家文物局把它確定為中國文化遺產標誌，以體現中華民族自強不息、昂揚向上的精神風貌。

圖 2.4.2
河姆渡遺址的 "雙鳥負日" 骨雕

圖 2.4.3
凌家灘遺址的太陽紋玉鷹

圖 2.4.4
仰韶文化中的太陽鳥紋

年代：唐代

器物規格：高 14.8 厘米，口徑 2.3 厘米，重 547 克

出土時間：1970 年

出土地點：西安市南郊何家村

所屬博物館：陝西歷史博物館

身世揭秘：古代的馬，不僅廣泛地用於戰爭、交通、運輸，還大量用於宮廷貴族的娛樂活動當中。其中，唐玄宗時期的舞馬最為特別，當時皇宮裏飼養了好幾百匹舞馬。每年八月初，玄宗生日的時候，皇宮裏都要舉行盛大的慶祝活動，那時這些舞馬就會披金戴銀，穿上漂亮的服飾翩翩起舞。高潮時，舞馬躍上三層高的板床不停地旋轉，此時，領頭的舞馬便會從地上用嘴銜起盛滿酒的酒杯到皇帝面前祝壽。

舞馬銜杯紋銀壺上的舞馬肌肉綫條清晰，質感十足。仔細觀察，這匹舞馬的身軀略顯豐腴，神情溫馴。它的鬃毛整齊，順帖地垂在前額和頸部，尾巴上翹，脖子上還紮著飄動的絲巾。這匹馬前腿直立，後腿彎曲下蹲，嘴裏銜著一隻酒杯，是當時祝壽情景的真實寫照。

從外形上看，銀壺呈扁圓形，是模仿中國北

這馬好聰明啊！朕喜歡！

圖 2.4.5
舞馬銜杯紋銀壺

方遊牧民族契丹族使用的皮囊製作而成，是北方
草原文化和中原文化交流、融合的產物。細看，
銀壺上焊接了一根弓狀的提樑。銀壺的蓋子好似
倒過來的蓮瓣，是經過錘堞而成的，蓋子中心穿
有一個銀環，環內套接了一條銀鏈子和提樑相
連。製作壺身時，先將一整塊銀板捶打出壺的大
致形狀，再用模壓的方法在壺腹兩面模出相互對
應的舞馬形象，然後再將兩端粘壓焊接，經過反
覆打磨，幾乎看不出焊接的痕跡。

　　安史之亂爆發後，唐朝盛世不再，舞馬銜杯
祝壽這種娛樂活動也在歷史上消失了。

圖 2.4.6
舞馬周圍演奏樂器的樂師

年代：戰國

器物規格：長 18.7 厘米，寬 4.9 厘米

出土時間：1951 年

出土地點：河南省輝縣固圍村 5 號墓

所屬博物館：中國國家博物館

身世揭秘：古時人們穿長衫，沒有紐扣，一般都是用絲帶在腰部把衣服束起，後來逐漸使用皮革製成的衣帶，而皮革質地比較堅硬，無法綁繫，於是用金、銀、玉製成的帶鈎應運而生，用來連接革帶束腰。由於腰間是人們經常會注意到的地方，所以不同的帶鈎也代表了不同的身份等級，受到人們的高度重視。

一般來說，金、玉製成的帶鈎是王公貴族、社會名流才能佩戴的。帶鈎的裝飾非常奢華，將金、銀、玉、琉璃等不同質地、不同色澤的材料，巧妙地搭配在一起，是中國最早的金銀混合作品之一。

古代文獻中關於帶鈎的記載有很多，據史書記載，春秋時期，齊國發生內亂，為了扶持公子糾當上齊國國君，大臣管仲用箭射向公子小白，

正好射中了帶鈎，於是公子小白裝死躲過了這場劫難。後來公子小白回到了齊國，成了齊國的國君，也就是春秋時期的第一個霸主齊桓公。

圖 2.4.7

包金嵌玉獸首銀帶鈎

圖 2.4.8

漢代畫像中的管仲射鈎

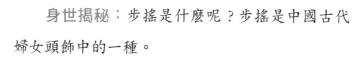

馬頭鹿角形金步搖

年代：北朝

器物規格：高 16.2 厘米，重約 70 克

出土時間：1981 年

出土地點：內蒙古自治區達爾罕茂明安聯合旗

所屬博物館：中國國家博物館

圖 2.4.9

古代女子頭戴步搖的形象

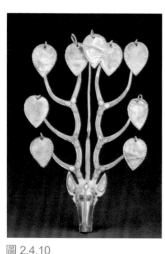

圖 2.4.10

馬頭鹿角形金步搖

身世揭秘：步搖是什麼呢？步搖是中國古代婦女頭飾中的一種。

這件馬頭鹿角形狀的金步搖是古代北方遊牧民族典型的裝飾品，馬是草原民族最親密的動物，鹿又象徵著高貴和祥瑞，因此具有辟邪的作用。步搖的基座為馬頭形，馬的額頭上原來鑲嵌著寶石，現已脫落了。馬的耳朵向上豎起，頭上連接著枝條似的鹿角，在枝條末梢都用圓環穿著桃形葉片，耳朵、枝條上都鑲嵌著白色、淡藍色的珠飾。由於飾件上的桃形葉片是活動的，隨著貴婦們腳步的移動，葉片會搖擺相碰發出清脆的聲響，顯出高貴的儀態和雍容華貴的美感。

傳說唐玄宗為了博得楊貴妃的歡心，特地命人從浙江麗水找來黃金之中最上等的紫磨金，雕琢成金步搖，賞賜給楊貴妃。

朱碧山銀槎

年代：元代

器物規格：通高 18 厘米，長 20 厘米

所屬博物館：故宮博物院

身世揭秘：這隻元代的銀槎其實就是一件槎形的杯。杯的尾部刻有"龍槎"兩個字，杯的底部刻了一首詩："百杯狂李白，一醉老劉伶。知得酒中趣，方留世上名。"

銀槎的美，美在工匠營造出的意境。你看，杯體好似一段枝杈縱橫的老樹，槎杯上面還坐著一位悠閒的老人，老人左手隨意地往後一搭，右手拿著一本翻開的書，正在全神貫注地讀著，怡然自得。

史書中記載，堯在位的時候，有一根散發出日月光芒的巨大的槎漂浮在海上。有一位仙人棲居在這根槎上，後來槎就代表了仙人往來於天上人間的木筏。

這隻銀槎是用白銀鑄成後再進行鏨刻的，老人的頭、手和鞋子等，都是單獨鑄造好以後再焊接上的，但看起來卻渾然一體，絲毫沒有加工過的痕跡。從杯底的款識來看，作者是元代著名的

槎

原來是指用竹木編成的竹筏。

金銀工匠朱碧山。朱碧山的作品自元代以來一直
被人們所稱頌，而這件銀槎就是其中的佼佼者，
代表著元代銀器製作工藝的卓越成就。

圖 2.4.11

朱碧山銀槎

長命百歲龍鳳雙喜金盤

年代：清道光十一年

器物規格：高 12.5 厘米，直徑 56 厘米

所屬博物館：台北 "故宮博物院"

身世揭秘："洗三"的習俗是中國古代誕生禮中的一個重要儀式，指的是在孩子出生的第三天要洗澡，這樣就能潔淨身體，祈福消災。不論是宮廷還是民間都有這一習俗。洗三時用的盆子就叫洗三盆。這件台北 "故宮博物院" 收藏的金盤就是為清代新生皇子行洗三禮時使用的。

金盤上的紋飾十分精美，盤內底部刻有一龍一鳳，顯示了皇室氣派。盤的中間篆刻有 "長命百歲" 四個字，邊緣刻著一圈象徵長壽的吉祥圖案。此外，盤的外底部還有個大大的雙喜字。

根據清朝皇宮的檔案記載，這件長命百歲龍鳳雙喜金盤是咸豐皇帝的母親孝全皇后下令鑄造的，曾用於 1831 年 6 月 11 日咸豐皇帝的洗三禮。他也是第一個使用這件金盤的清代皇帝，此後他的兒子同治皇帝也曾經使用此盤洗三。

圖 2.4.12

"洗三" 習俗

圖 2.4.13

長命百歲龍鳳雙喜金盤

第 **3** 章

從綠松石到景泰藍

國寶傳奇

圖 3.1.1

嵌綠松石獸面銅飾（甲）

中國社會科學院考古研究所藏

中國有文字記載的歷史只能追溯到商代，可你也許聽過夏王朝建立的故事。大禹治水有功，舜將帝位禪讓給了禹，禹本來也應該依照禪讓制將帝位傳給益，但是其子啟卻趁機佔得帝位，開創了“家天下”的制度，建立了中國第一個奴隸制王朝——夏。不過，因為缺乏可靠的證據，這段歷史廣受質疑。難道商代之前，中國第一個奴隸制王朝夏只是作為一個傳說存在於我們共同的幻想之中嗎？

二十世紀五十年代起，考古學家們開始了漫長的尋找夏文化的考古發掘工作。

果然，1960年在河南偃師境內洛水南岸的二里頭村，發現了一座規模宏大的宮殿遺址，那裏誕生了許多的"中國之最"：最早的車轍、最早的宮殿基址、最早的青銅器獸面紋、最早的青銅器嵌綠松石器物等等。這已絕非原始部落所能創造的文明了，分明是一派王朝的氣象呀！後來以這一帶為中心的文化遺址群，被命名為"二里頭文化"，雖然還沒有找到文字等更直接的證據，但是二里頭文化就是傳說中的夏王朝遺址的可能性極大。

圖 3.1.2
嵌綠松石獸面銅飾（乙）
中國社會科學院考古研究所藏

二里頭遺址中出土的最精美的器物是三件嵌綠松石獸面銅飾，它們現藏於中國社會科學院考古研究所。這三件銅飾上所嵌的綠松石形狀各異，非常精巧。如此精美的傑作，表明夏代綠松石鑲嵌技法已相當純熟，同時也開啟了青銅器鑲嵌工藝的先河。

圖 3.1.3
嵌綠松石獸面銅飾（丙）
中國社會科學院考古研究所藏

第一件銅飾長十四點四厘米。銅飾為青銅襯底，略呈弧角長方形，表面凸起，兩側有兩組穿鈕，用以固定在織物上。出土時，銅飾背面尚存麻布痕跡，被放置於墓主人胸部。

第二件上寬下窄，圓角束腰，整體呈盾牌狀，兩側各有圓鼻一對，正面用綠松石嵌出動物紋飾，形象似獸面，它的頭圓、嘴尖長，似是蛇頭形，被放置於墓主人胸部。

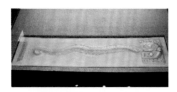

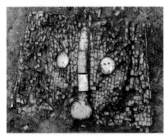

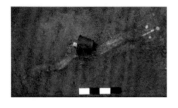

圖 3.1.4
綠松石龍形器（上）

圖 3.1.5
綠松石龍形器（局部）（中）

圖 3.1.6
綠松石龍形器和銅鈴
（出土時）（下）

最神奇的銅飾要數第三件了。它呈圓角長方盾牌形，弧面。圖案為虎頭紋、圓眼、直鼻、有鬚，形象生動。它的做工非常奇特，牌飾背部無一所托，而是如剪紙般將青銅部分鏤空成獸面紋的基本圖案，再將綠松石鑲嵌於框架的空隙之中，就好比是在鏤空的窗框中嵌入玻璃一樣，只不過這"玻璃"現在變成了又小又薄的綠松石。歷經三千多年，這件牌飾上的綠松石一片不少，和當初一樣完整。此件銅飾被放置於墓主人的腰際。

出土這三件銅飾的墓葬中還發現了其他零散的綠松石。除此之外，三號宮殿基址的一個墓葬中還出土了一件大型的綠松石龍形器，長六十四厘米，由兩千多片綠松石組成。這些嵌有綠松石的器物，在二里頭文化中是檔次最高的。

這個遺址中的綠松石，怎麼會如此之多呢？考古人員在宮城南牆之外發現了製造當時的奢侈品 —— 綠松石的作坊和一處廢料坑，裏面出土了數千枚綠松石塊粒。據此推斷，當時這座大型宮殿中所使用的綠松石，很有可能是在這裏打磨的。

三塊銅飾分別出土於三個墓葬中，而有銅飾的墓葬都會同時出土銅鈴，兩者放置位置也很相近。並且，在稍晚於二里頭的巴蜀地區三星堆遺址中，也發現了類似的銅飾和銅鈴。

二里頭文化和三星堆文化有著什麼樣的關係？二里頭發現的四百餘座墓葬中，為什麼只有這幾座墓葬中有這幾種器物，這幾座墓葬難道僅僅是貴族墓葬嗎？遠古的王朝往往和神靈崇拜密不可分，國家大事都圍繞戰爭與祭祀展開。在古代，綠松石是不是被視作一種能通神靈的神秘寶石呢？

二里頭遺址現在已成為國家重點保護遺址，然而關於二里頭遺址的思考卻並未結束，它引發了一連串的猜想。這些疑問都在等待著我們去解答。

鎮 館 之 寶

　　鑲嵌，就是指將一件較小的物體嵌入一件較大的物體上，構成渾然一體的藝術品、裝飾品或實用器。單個一件器物往往使人覺得單調乏味，而在這之上嵌飾以不同顏色、不同材質的小型器物，往往會起到畫龍點睛的作用。從遠古時代，先民美的意識覺醒之時起，珠寶的鑲嵌就以一種樸拙的方式開啟了人類追求藝術之美的探索之門，並且延綿至今。

圖 3.2.1
金鑲寶石蜻蜓簪

圖 3.2.2
黑漆嵌螺鈿加金片嬰戲圖箱

圖 3.2.3
金嵌寶石鏤空花卉紋八寶盒

千年前的北京生活實證——漆瓠

北京城的前世今生

　　若從元代算起，北京作為首都已有八百年的歷史了，而北京猿人、山頂洞人等史前人類的發現，說明數十萬年前的北京，已有了人類的行踪。司馬遷的《史記》中說是周武王滅了商紂王，把召公奭封在燕。於是有學者認為北京最早是在周初建城，地屬燕國。但是周初的燕國離周王朝的首都鎬京很遠，在當時屬偏遠地帶，周武王怎麼會把自己的親族封在那裏呢？因為這個疑問，許多學者對北京建城的時間產生了懷疑。新中國成立後，中國開始大規模的考古工作，在北京相繼發現的古代遺址、墓葬漸漸向人們證實，司馬遷的記述極有可能是正確的。

北京城這樣被發現

　　早在 1962 年，北京市文物局工作隊就在北京房山區琉璃河發現了西周遺址，並在劉李店村、董家村進行了小型試掘。1964 年，生產大隊社員在黃土坡挖菜窖時發現兩件刻有銘文的東西，開始還以為是香爐，後來才得知，這是對探尋北京城的起源有著重要意義的珍貴文物。這些發現，在向人們傳遞一個重要信息 —— 這裏在西周時期已有發達的城邑存在！

珍貴的漆器

圖 3.2.4
西周彩繪
獸面鳳鳥紋嵌螺鈿漆缶

　　北京琉璃河西周燕都遺址自 1971 年起前後經過了四次挖掘。在 1981 年開始的第四次挖掘中，三百餘座墓葬重見天日。墓葬分為大、中、小三個級別，其中大、中型墓葬中發現了青銅器和漆器。出土的漆器，比如漆觚和漆缶，都和青銅觚、青銅缶的形制、紋飾非常相近，並嵌有綠松

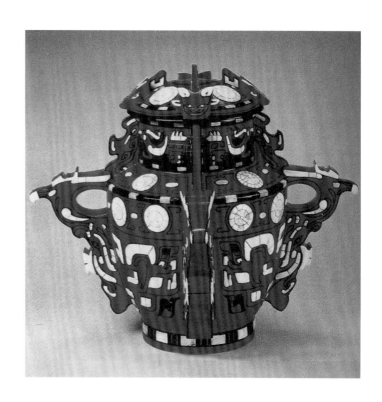

圖 3.2.5
漆缶復原圖

石、蚌之類的飾物。

　　雖然經常年泥土擠壓，漆器只剩下漆皮，
木胎早已腐朽，但是透過這些覆蓋著的塵土，我
們依然可以依稀辨認那漆器的彩繪、鑲嵌，可以
想見它們當年的風采。它們同青銅禮器、玉器等
隨葬品一同出土，且都出現在墓主人身份較高的
大、中型墓葬中，說明這鑲嵌的漆器在當時很有
可能也擔當著禮器的功用。有人說是漆器模仿了
青銅器的紋樣和造型，但也有學者指出是青銅器
形制模仿了漆器，因為據《韓非子》中記載，早
在堯舜時代，人們就將砍下的木材"墨染其外，
而朱畫其內"，作為祭器。大量考古資料也表明，
在漆器形制已頗為繁複的時代，同時期出土的青
銅器還處於起步階段。

　　看，這件漆器包含了多種鑲嵌工藝，雖然
已經變形，但仍可以辨認出這件漆觚用了貼金箔
的工藝，表面光滑平整，與漆表面粘接牢固，並
以橢圓形的綠松石鑲於雕刻而成的變形夔龍紋眼
部，作為獸面的眼睛。下面兩道金箔上各鑲嵌著
三個間距相等的綠松石片。

夔

古代傳說中一種像龍的
獨角怪獸。

圖 3.2.6
漆觚復原圖

神秘獰厲與細緻精巧的完美結合

——青銅器鑲嵌雲紋犧尊

為什麼早期的青銅器都這麼樸素呢？

青銅器發展的巔峰在商周時期，但對於青銅器鑲嵌的純熟運用卻是春秋戰國，期間經歷了數百年。一來，青銅器作為貴族祭祀的禮器，有嚴格的使用規範，隨意增添裝飾會造成不莊重的感覺。二來，青銅器質地較硬，要在上面做雕飾，沒有鋒利的工具是辦不到的。

終於發現了更加漂亮的青銅器

到了春秋戰國，農業上開始廣泛使用鐵器，鐵器比銅器更加堅韌，因而耕地也更加方便。隨後，它的使用也擴展到了工藝領域。1965 年考古人員在江蘇漣水縣三里墩發現一座西漢墓葬。這裏地處黃河故道的北岸，歷史上屢次氾濫的黃河水給這座墓葬蓋上了兩三米厚的黃沙土層。人們在這座墓葬中發現了幾件錯金銀嵌綠松石的銅器，比如這件嵌綠松石銅鹿。

這類器物數量不多，但都相當精緻，下面這件鑲嵌雲紋犧尊就是其中的一件。據專家鑒定，這件犧尊應該是戰國時期的作品。尊是盛放酒的

圖 3.2.7

嵌綠松石銅鹿

圖 3.2.8
鑲嵌雲紋犧尊

器皿，犧尊就是形如犧牛的青銅酒器。工匠們把這件犧尊打造得栩栩如生，整件器物綫條流暢圓潤，犧牛身體肥胖，四蹄形足，尾巴細長。那麼它是如何來盛酒的呢？原來在它的背脊上有個蓋鈕，呈大雁回首狀，可以打開，犧尊圓鼓鼓的腹部是中空的，裏邊就可以盛酒。

犧尊與以往大型厚重的青銅器相比，給人一種活潑之感，再加上頭部鑲嵌的綠松石，更具有裝飾效果。在青銅器鼎盛的商周時期，大件祭器幾乎不以綠松石做裝飾，那是因為商周禮制森嚴，作為禮器的青銅總給人以森嚴猙獰之感，而用寶石做裝飾會使大件祭器有失莊重。但到了春秋戰國，禮崩樂壞，青銅器鑄造的規範就沒有那麼嚴格了。人們充分發揮想像力，對大件青銅器也開始採用鑲嵌工藝。

沒錯，除了用綠松石作為鑲嵌材料外，這件犧尊全身採用了錯金銀裝飾，這是戰國時代典型的鑲嵌工藝，它將細如髮絲的金銀嵌入器物身上早已刻好的凹槽內，造成通體花紋明亮閃爍的效果，是不是給器物增添了神秘的色彩？這種工藝的使用可不容易，因為要想在質地堅硬的青銅器表面刻下凹槽，就必須要用比它更堅硬的利器才能辦到。這時，農業上鐵器已廣泛使用，鐵器的使用也擴展到了工藝美術的領域，這才使得在青銅器上鑿出花紋變成了可能。

雖然冷冰冰的青銅器因其質地總擺脫不了森嚴之感，但匠人們對藝術品美感的不懈追求，仍體現在這件犧尊上，使它能歷經千年依然光彩熠熠。

圖 3.2.9
嵌松石蟠螭紋豆（有鑲嵌）
故宮博物院館藏

圖 3.2.10
鑄客豆（無鑲嵌）
故宮博物院館藏

母儀天下的象徵——明孝端皇后的鳳冠

　　萬曆年間，明王朝逐漸顯現出衰敗的氣象。明神宗朱翊鈞沉溺於酒色，二十年不上朝。宮廷裏風雲變幻，朝廷內各派政治勢力明爭暗鬥，詭異的事情層出不窮。

　　明神宗專寵鄭貴妃，鄭貴妃有一子，一直希望皇帝立其子為太子，而大臣們堅持要立宮女所生的皇長子朱常洛為太子，由此引發了"國本之爭"。雖然朱常洛最後做了太子，但地位不穩固，甚至還有人黃昏時闖入太子所居的慈慶宮欲圖行刺他。在這樣混亂的局面中，始終有人保護這位太子，使他能順利繼位，她就是孝端皇后。孝端

圖 3.2.11

明孝端皇后像

圖 3.2.12
定陵地宮

皇后雖然不得寵，也沒有皇子，但在是非不斷的後宮中謹言慎行，不和鄭貴妃爭寵，穩重而有國母的威嚴，穩坐皇后之位長達四十二年。孝端皇后去世後，與明神宗合葬於定陵。同時入葬的，還有許多精美的隨葬品，其中就包括一件華麗至極的鳳冠，它是孝端皇后母儀天下的象徵。

1955 年，中央批准對十三陵進行發掘。剛開始，考古人員對十三陵中的長陵、獻陵進行了長時間的考古發掘，卻沒有什麼成果。就在大家感到失望和疑惑的時候，考古專家將目光轉向了定陵。

1958 年的一天，一名考古人員終於在城牆上方幾塊城磚的塌陷處，發現了一個洞口，由此，地宮的神秘面紗被揭開了。定陵地宮有兩層樓高，八十多米長。埋葬皇帝、皇后的玄宮中放置著三口朱紅的棺木，是明神宗朱翊鈞和孝端、孝靖兩位皇后的。考古人員在棺木內和棺木周圍

太子：母后救我！
皇后：誰敢動太子 ?!

的朱紅箱內發現了大量的隨葬品，有金銀器、首飾、禮服、玉器和成百疋的羅紗織錦。這件鳳冠是現今出土的唯一一件明代皇后的鳳冠，後來由故宮博物院珍寶館收藏。

孝端皇后鳳冠高三十五點五厘米，直徑二十厘米，重二點九五千克，用細竹絲編製，通體裝飾翠鳥羽毛點綴的如意雲片，十八朵以珍珠、寶石所製的梅花環繞其間。冠前部飾有對稱的翠藍色飛鳳一對；冠頂部等距排列金絲編製的金龍三條，其中左右兩條口銜珠寶流蘇；冠後部飾有六

圖 3.2.13
孝端皇后鳳冠
故宮博物院館藏

081

扇珍珠；冠口沿鑲嵌紅寶石組成的花朵。整件鳳冠共鑲嵌寶石一百二十八塊（紅寶石七十一塊、藍寶石五十七塊）、珍珠五千四百四十九顆。誰能想像這件將近三公斤重的鳳冠戴在頭上是什麼感覺？

鳳冠是皇后的禮帽，是皇后在接受冊命、拜謁宗廟、祭祀祖先、參加朝會時所佩戴的。原來，禮帽上鑲嵌如此多的珠寶，不僅要起裝飾作用，更重要的是向人們展現明代的禮儀制度。回想先前介紹的孝端皇后生前為保護"國體"所做的努力，為維護後宮穩定所表現出的氣度，這件雍容華貴、端莊典雅的鳳冠和她真是再相稱不過了。

圖 3.2.14
孝端皇后鳳冠局部

舉世無雙

多姿多彩的鑲嵌工藝

平面鑲嵌

所謂平面鑲嵌法，就是用許多一樣圖形的鑲嵌物無間隙地覆蓋在平面的一部分，這些圖形，可以是三角形、四邊形、五邊形等，覆蓋時，用漆或樹脂等具有黏合力的東西加以固定。平面鑲嵌用在珠寶鑲嵌上，可以使珠寶組成一個平面，往往具有璀璨奪目的裝飾效果。

上海博物館收藏的夏代鑲嵌十字紋方鉞鉞

圖 3.3.1

商嵌綠獸面紋戈

上海博物館館藏

面，以及商代嵌綠獸面紋戈的戈柄就採用了這種工藝。尤其是那件夏代方鉞，鉞面呈環狀鑲嵌有十八個十字紋，雅緻大方，極具裝飾效果，且富有美感，是一件珍貴無比的方鉞精品。

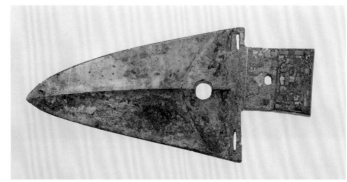

圖 3.3.2
商鑲嵌獸面紋戈
上海博物館館藏

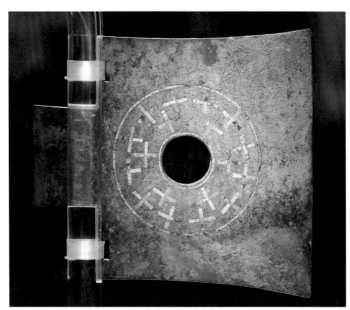

圖 3.3.3
夏鑲嵌十字紋方鉞
上海博物館館藏

錯金銀

　　錯金銀也叫金銀錯,是鑲嵌方法的一種,最開始出現在春秋中期的青銅器上,戰國時期大量出現。這種鑲嵌方法就是將細如髮絲的金銀嵌入器物上早已刻好的凹槽內,構成文字或紋飾。用這種方法可以達到通體花紋明亮閃爍的效果,給器物增添了一種神秘的氣息!

圖 3.3.4
戰國錯金銀鳥耳壺
故宮博物院館藏

製作錯金銀銅器大多數是先在製作的母範上刻出凹槽，等器物鑄成後再在凹槽內鑲嵌金銀，最後打磨完成。也有些是在鑄成器形後，再用鋼刀刻出凹槽，最後嵌入金銀絲。

圖 3.3.5
錯金銀鑲綠松石三鈕鏡
山東博物館館藏

圖 3.3.6
西漢錯金銀雲紋青銅犀尊
中國國家博物館館藏

嵌螺鈿

螺鈿又叫鈿嵌，螺指的是嵌物的質地為螺殼，鈿是裝飾的意思。嵌螺鈿，就是用一片片貝殼做成紋飾嵌在漆器、銅器等器物上形成各種圖案花紋，有時根據貝殼的顏色，隨所模擬的對象的顏色填嵌，有時還會在貝殼上劃刻出各種紋飾。

由於螺鈿是一種天然之物，外觀天生麗質，具有十分強烈的視覺效果，因此也是一種最常見的傳統裝飾藝術，被廣泛應用於漆器、傢俱、樂器、屏風、盒匣等工藝品上。螺鈿，相傳起源於商代的漆器。至唐代，中國的螺鈿工藝已達到相當成熟的地步。中國國家博物館館藏的花鳥人物螺鈿青銅鏡，即為這一時期的工藝瑰寶。

圖 3.3.7

明黑漆嵌螺鈿花鳥羅漢床
（上）和雲龍紋大案（下）
故宮博物院館藏

圖 3.3.8

清烏木嵌螺鈿雙螭紋小盒
故宮博物院館藏

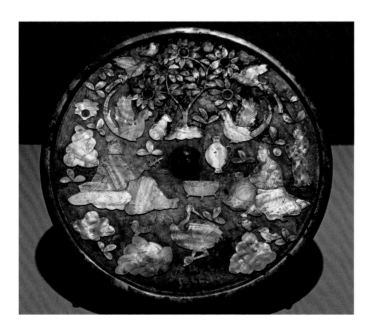

圖 3.3.9

花鳥人物螺鈿青銅鏡
中國國家博物館館藏

金銀平脫

　　金銀平脫也是鑲嵌工藝的一種，就是在器胎上貼上各種花紋的金銀薄片後，上漆研磨，直到金銀片紋顯露出來。這和在器身上貼金銀箔的工藝相似，只是它又進一步製造出一種漆與金銀交相輝映的效果，在唐代十分流行。由於過度奢華，這種工藝曾一度被禁止，但後因其獨特的藝術表現力受到了許多達官顯貴的推崇而流傳了下來。

圖 3.3.10
唐花瓣紋金銀平脫銅鏡
中國國家博物館館藏

圖 3.3.11
唐羽人花鳥紋金銀平脫銅鏡
中國國家博物館館藏

圖 3.3.12
四鸞銜綬金銀平脫鏡
陝西歷史博物館館藏

鑲嵌綠松石骨簪

年代：新石器時代龍山文化時期

器物規格：長 25 厘米

出土時間：二十世紀七十年代

出土地點：山西襄汾陶寺遺址

所屬單位：中國社會科學院考古研究所

　　身世揭秘：綠松石是世界上稀有的寶石品種之一，好的綠松石呈藍色或藍翠色，表面光潔、色澤瑰麗，當然會成為古代先民裝飾物的首選。古印第安人認為綠松石是藍天和大海的精靈，是神力的象徵；在古波斯的歷史中，綠松石被認為是具有神秘色彩的辟邪之物，被做成護身符；古埃及人用綠松石雕成愛神來護衛自己的藏寶庫；而在中國，從考古發現來看，早在新石器時代，就有了用綠松石鑲嵌的器物，綠松石似乎也被賦予了神話的色彩，被認為是女媧用來補天的神石。

　　這件山西襄汾縣陶寺出土的嵌綠松石骨簪，是新石器時代龍山文化時期的產物。

圖 3.4.1 綠松石

圖 3.4.2
鑲嵌綠松石骨簪

這件骨簪長二十五厘米，鑲嵌玉首，並在簪子頭部嵌滿了晶瑩的綠松石。出土時人們發現它被放在女性墓主人身旁，可能是她生前珍愛之物，也是陶寺出土的骨簪中最精美的一件。新石器時代，之所以叫"新"，是因為在舊石器時代，人們雖然會用打製方法去製作簡單的石器工具，但都是相當粗糙的。而到了新石器時代，則有了巨大的技術進步——磨製石器，這種工藝同樣也被用於製作骨牙器。這件骨簪被磨得細長而均勻，在簪子的頭部，鑲嵌如此多的綠松石，又是怎麼辦到的呢？

考古人員發現，在骨簪及部分綠松石底部有一些黑色膠狀物，研究者認為這可能是漆或是某種樹脂，其工藝方法屬平面鑲嵌法，就是用漆或樹脂這種有黏合力的材料將多個寶石固定在一個平面上，而產生這種璀璨的效果。

在中華文明之初，鑲嵌藝術就達到了如此令人驚歎的高度，足見我們祖先的智慧和審美高度。

神啊，請您保佑我們部落吧。

嵌綠松石象牙杯

年代：商代

器物規格：高 30.5 厘米

出土時間：1976 年

出土地點：河南安陽殷墟婦好墓

所屬單位：中國社會科學院考古研究所

身世揭秘：1976 年，考古隊員在河南安陽市西北郊發現了殷代房基和墓葬十餘座，其中的五號墓，雖然規模不算太大，但墓室保存完好，隨葬品極其豐富精美。專業人士結合甲骨文卜辭中的相關記載，斷定墓主人就是殷商時代商王武丁的配偶、中國有記載的最早的巾幗英雄婦好。這件嵌綠松石象牙杯就是婦好墓隨葬品之一，是商代象牙器中最為名貴的精品。

婦好幫助武丁平定邊疆，功勳卓著，因而有資格主持國家的祭祀，這是相當高的榮譽。這件象牙杯杯身、把手上都嵌滿綠松石。在古代先民看來，綠松石那幽藍的顏色像天空，帶有神秘的色彩。綠松石組成的花紋是夔紋、獸面紋的眼、眉、鼻，這些花紋極其繁縟、精緻。象牙質地加上綠松石鑲嵌的獸面紋，整件器物顯得非常莊重

美麗，也突出了墓主人婦好的尊貴地位。這件象
牙器採用了浮雕、綫刻、鑲嵌等多種手法，是不
可多得的藝術珍品！

圖 3.4.3
嵌綠松石象牙杯

身世揭秘：蘇州有座瑞光塔，是僅次於虎丘塔的著名佛塔之一，歷經上千年保留至今。1978年 4 月，工作人員在第三層塔的核心部位發現了暗藏文物的密窖 —— 天宮，其中藏著許多北宋和五代十國時期的珍貴文物，包括舍利寶幢、觀音以及木刻印刷和金紙碧書的經卷共一百餘卷，此外，還包括一件五光十色的嵌螺鈿經箱。

打開經箱，裏面完好無損地安放著經卷。箱中經卷的題記最早為"吳楊溥大和三年"（931年）。箱下設須彌座（原來是為了安置佛像所用，上下凸起，中間凹下），箱內有金平脫花紋，像是剛剛破土而出的嫩芽。

箱身嵌石榴、牡丹等花紋，並用厚螺鈿嵌出。蓋面圖案在散花中聚成三朵團花，用花葉間隔，這是用半圓形水晶和彩色寶石鑲嵌而成的。

圖 3.4.4

蘇州瑞光塔

圖 3.4.5

嵌螺鈿經箱

原來與金銀器相比略顯樸素的漆器，在運用了多
種鑲嵌工藝後，竟然能達到這樣光彩奪目的效
果，實在令人稱奇！箱身的黑漆與鑲嵌物的光色
形成了明暗相交的效果，猶如星辰在夜空中閃
爍，也與安放它的 "瑞光塔" 的塔名相呼應，使
我們不得不佩服古人的智慧。

鎏金鑲嵌獸形銅盒硯

年代：東漢

器物規格：長 25 厘米，寬 14.8 厘米

出土時間：1970 年

出土地點：江蘇徐州土山漢墓

所屬博物館：南京博物院

身世揭秘：這件鎏金鑲嵌獸形銅盒硯好像匍匐爬行的蟾蜍，頭上卻又長著一對長長的角，傳說可以辟邪。它的兩側有一對翅膀，彷彿可以飛翔。仔細看，它的下半身還有飄逸捲曲的雲氣紋。這種雲氣紋綫條捲舒起伏，營造出一種飄逸流動的感覺，它常常會出現在神禽異獸的身上，成為神話世界的象徵。

圖 3.4.6

鎏金鑲嵌獸形銅盒硯

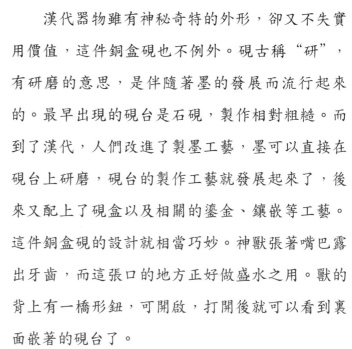

這件銅盒硯歷經千年卻毫不變色，多虧了"鎏金"這道工藝。鎏金就是將金與汞的合金塗於事先做成的各種形態的銅器身上。我們知道，汞就是水銀，在一定溫度下烘烤，液態汞就變成氣體蒸發了，只留下金均勻且牢固地附著於器物表面，因而不容易剝落褪色。銅盒硯的表面還通體鑲嵌了紅珊瑚、綠松石、青金石等各類珠寶，數量達上百顆，紅綠相映，再加上鎏金，使整件器物更顯光彩奪目。

圖 3.4.7
銅盒硯打開圖

漢代器物雖有神秘奇特的外形，卻又不失實用價值，這件銅盒硯也不例外。硯古稱"研"，有研磨的意思，是伴隨著墨的發展而流行起來的。最早出現的硯台是石硯，製作相對粗糙。而到了漢代，人們改進了製墨工藝，墨可以直接在硯台上研磨，硯台的製作工藝就發展起來了，後來又配上了硯盒以及相關的鎏金、鑲嵌等工藝。這件銅盒硯的設計就相當巧妙。神獸張著嘴巴露出牙齒，而這張口的地方正好做盛水之用。獸的背上有一橋形鈕，可開啟，打開後就可以看到裏面嵌著的硯台了。

嵌珍珠寶石金項鏈

年代：隋代

器物規格：長 43 厘米，重 91.25 克

出土時間：1957 年

出土地點：陝西省西安市李靜訓墓

所屬博物館：中國國家博物館

身世揭秘：2008 年北京奧運會雖然已經過去十年，但是奧運會上頒發給運動員的"金鑲玉"獎牌相信大家一定印象深刻。金鑲玉就是在金上鑲嵌各種美玉，這是中國古代珠寶鑲嵌工藝的一種主要形式。在中國傳統文化中，金鑲玉歷來就帶有美好的寓意，金象徵尊貴，玉象徵純潔，兩者結合就有了尊貴吉祥、超脫世俗的寓意。金鑲玉常出現在古代女性的服飾上，比如這件精美的隋代嵌珍珠寶石金項鏈，就是 1957 年發掘陝西省西安市李靜訓墓時發現的。項鏈出土時被發現佩戴在一名九歲女童墓主人的脖子上。

項鏈由二十八個金質球形鏈珠組成，每個球形鏈珠均由十二個小金環焊接而成，上面又各嵌珍珠十顆。項鏈上端正中為圓形，內嵌凹刻的深藍色垂珠。項鏈下端居中為一個大圓金飾，上面

圖 3.4.8

"金鑲玉"獎牌

圖 3.4.9

嵌珍珠寶石金項鏈

鑲嵌一塊晶瑩的雞血石，在雞血石四周嵌有 24 顆珍珠，左右兩側各有一圓形金飾，上嵌藍色珠飾，周緣亦各鑲嵌珍珠一周。雞血石下掛一心形金飾，上嵌一塊長達三點一厘米的極為罕見的青金石。整條項鏈上鮮紅的雞血石、寶藍的青金石交相輝映，再配以潔白的珍珠，在純金的烘托下，顯得格外鮮豔奪目、雍容華貴，堪稱舉世無雙的藝術精品。

這座女童墓葬的墓室做得極為考究，石棺的外形猶如一座宮殿，棺的門板上都刻有仕女，棺蓋被雕刻成殿堂的屋頂。從墓誌銘中我們得知，這個小女孩叫李靜訓，生活在公元 600 年至 608 年，她既是北周、隋代顯赫的李氏家族的千金，又是北周宣帝與皇后楊麗華的外孫女，是一位地道的帝胄王孫。她生前深得外祖母的寵愛，一直被寄養在宮中。或許是死於疾病，也或許是死於隋代末年的政治鬥爭。無論怎樣，如此年幼喪命，外祖母一定非常痛心，於是為她進行了厚葬。這件嵌珍珠寶石金項鏈或許是小女孩生前的心愛之物，就掛在她的脖子上隨她一同入葬了。

掐絲琺瑯明皇試馬圖掛屏

年代：清乾隆

器物規格：長 63 厘米，寬 119 厘米

所屬博物館：故宮博物院

身世揭秘：這件掐絲琺瑯掛屏乍一看像一幅畫，再仔細一瞧，原來它是景泰藍。正如我們先前所說，中國工匠在對美的追求中始終在繼承傳統中有所創新，在創新中回歸傳統，這件作品同樣如此。它是將唐代一位善於畫馬的大畫家韓幹所畫的《明皇試馬圖》以景泰藍的形式重新呈現給大家，將中國的繪畫與工藝相結合，可謂一大創舉。

掛屏為長方形，紫檀木框，風格獨特，分為左右兩扇。左邊畫的是一個騎著馬的人，馬的左右有兩人牽著韁繩，馬後還跟著一個隨從。騎馬的人就是唐玄宗李隆基，即唐明皇。

我們的工匠在製作工藝品時可以說既是畫家又是刺繡高手。說他們是畫家，是因為在他們將銅絲貼到畫屏上前，其實是胸有成竹的，心中早就有了要創作的形象，否則人物的衣紋、馬的輪廓就不會如此流暢圓潤，若是稍有一點兒猶豫，

圖 3.4.10

掐絲琺瑯明皇試馬圖掛屏

綫條就會遲滯僵硬；說他們是刺繡高手，那是因為這掐絲作畫不同於用畫筆畫畫，進程極為緩慢，需要有極大的耐心。工匠們在畫這花紋時，可以說是像刺繡一樣，將細細的銅絲一毫米一毫米地繡到畫屏上。

圖 3.4.11
作畫

掛屏的右半邊是乾隆皇帝的御題，以古警今，告誡現在處在“康乾盛世”的皇家子弟仍不可忘記練習騎射，以免重蹈覆轍。

值得注意的是，韓幹這位唐代大畫家的作品現在已不多見，《明皇試馬圖》乾隆年間還珍藏在清宮，現已不知去向，幸而有這件做成掐絲琺琅的作品還留存於世，可以讓我們一窺風采，可見當年工匠的這番新穎的創造所包含的巨大意義。

圖 3.4.12
掐絲

圖 3.4.13
掐絲工藝

第 4 章

從彎弓射雕到尚方寶劍

國寶傳奇

　　春秋末年，風雲際會，吳王闔閭帶兵攻打越國，卻被越國擊敗，丟了性命。他的兒子夫差即位，日夜操練兵馬，發誓要為父報仇。兩年後，吳王夫差出兵攻打越國，大敗越王勾踐。勾踐向夫差進獻了美女西施和大量金銀財寶，投降求和。勾踐投降後被帶回了吳國，鞍前馬後地服侍夫差，表現得恭恭敬敬，看起來毫無野心，終於贏得了夫差的信任。

　　三年後夫差將勾踐釋放回了越國。勾踐回國以後，發憤圖強，時刻準備報仇。他怕舒適的生活消磨了自己的意志，就每天臥薪嘗膽，讓自己不忘前恥。經過了十年的準備，越國終於兵強馬壯了。而吳王夫差自從打敗越國後，得意忘形，沉溺酒色，還殺害了忠臣伍子胥，吳國這時候已經由強變弱。公元前 473 年，勾踐帶兵攻打吳國，夫差一敗塗地，自殺身亡。越王勾踐一舉滅吳雪恥，威名大震，之後又稱霸中原，成為春秋五霸的最後一位霸主。跟隨他血戰沙場的佩劍，也就此成名。

　　千年時光，滄海桑田，荊楚古戰場如今已是

圖 4.1.1
越王勾踐像

一片農田。

1962 年湖北江陵（今荊州）望山大旱，政府為了解決大旱問題，便從荊門漳河修了一條水渠引水灌溉川店、馬山、八嶺山等鄉鎮的部分村莊，這條渠道就是漳河水庫二干渠，修渠的民工挖出了“五花土”後，趕忙向政府報告。考古人員到來後，就發現了春秋時期的古墓 —— 望山一號墓。

1965 年冬天的一個早晨，考古隊員們打開其中一座古墓，只見墓主人的身邊放置著一把帶有漆木劍鞘的寶劍。大家小心翼翼地從劍鞘中慢慢抽出寶劍，整個墓室頓時寒光四射。“好劍啊！”大家激動不已。這是一把菱形紋的青銅劍，劍格上鑲嵌著寶石，劍身上有“越王勾踐自作用劍”八個錯金鳥篆銘文，難道這把劍的主人就是那位臥薪嘗膽、興越滅吳的春秋霸主越王勾踐嗎？

經研究證明這把劍正是越王勾踐劍。

越王勾踐劍通長五十五點七厘米、寬四點六厘米，劍身佈滿了菱形暗格花紋。劍格上鑄有獸面紋，紋飾內鑲嵌著綠色寶石。最令人驚奇的是深埋在地下幾千年，寶劍卻絲毫不鏽，鋒利如初，用劍輕輕一劃，就割破了二十張白紙，真可稱為“天下第一劍”！

圖 4.1.2
越王勾踐劍
湖北省博物館館藏

圖 4.1.3

越王勾踐劍上的銘文

圖 4.1.4

越王勾踐劍陳列圖

鎮館之寶

金戈鐵馬，氣吞萬里如虎，冷兵器時代一去不復返。但是，聽，那些赫赫有名的兵器們正躺在博物館裏，靜靜地向我們訴說著那個輝煌的時代……

誰說女子不如男——婦好鉞

婦好，可以說是中國歷史上的第一位女將軍。她是商王武丁的妻子，能征善戰、智勇雙全。幫助武丁多次帶兵出征，北討土方族，東南攻伐夷國，西南打敗巴軍，為商朝拓展疆土立下汗馬功勞。武丁對婦好十分寵愛，為了表彰她的赫赫戰功，特地讓工匠為她打製了象徵王權的兩把銅鉞送給她，以示她對軍隊的統帥權，一件是龍紋大銅鉞，重八點五公斤；一件是虎紋大銅鉞，重九公斤。兩把銅鉞現收藏於中國社會科學院考古研究所。婦好能使用如此重的兵器，可見這位女將真的是力大無比，武藝高強。

圖 4.2.1
婦好雕像

它是這樣被發現的

　　婦好墓位於河南省安陽市境內,這裏原是一片高出周圍農田的崗地。1975 年冬,在"農業學大寨"的浪潮中,這片崗地成為被平整的目標。殷墟遺址即將毀於一旦,情勢十分危急。為了保護這片崗地免遭毀滅,女考古專家鄭振香堅信這塊土地底下有墓葬,積極向上級要求挖掘。由於婦好墓比較隱蔽,在挖掘了很長一段時間後仍然一無所獲。看到毫無結果,許多專家都氣餒了,大家都認為這只是一片普通的崗地,上面的夯土(考古上常用來判斷是否有墓葬)也僅是殘留建築物的痕跡。只有鄭振香堅信這夯土下一定有名堂,她積極投入到發掘工作中,並鼓勵所有的工作人員一起努力。功夫不負有心人,婦好墓終於被發現了,墓中出土了一千六百多件精美文物,虎紋大銅鉞就是其中的一件。

誰說女子不如男?

鉞的發展

　　鉞,是一種用來劈砍的中國古代兵器,看上去就像長柄斧頭,重量也比斧頭更大。鉞的歷史十分悠久,早在新石器時代良渚文化遺址中,就已發現玉製的鉞。金屬鉞大約出現在三千五百年

圖 4.2.2

虎紋大銅鉞

圖 4.2.3

虎紋大銅鉞局部

前，那時的夏朝軍隊已經裝備了斧鉞。後來由於斧鉞笨重、不夠靈活，攻擊力也遠不如戈、刀、矛，所以漸漸退出戰場，更多的被作為一種禮兵器使用。到了唐宋時期，鉞又有了新的發展，形制發生了巨大改變。唐宋時期的鉞更強調其功能性，刃部加寬，斧柄加長，便於操持，有利砍殺，是步兵對付騎兵出奇制勝的法寶。宋朝以後，隨著火器的出現，鉞這種兵器就基本不在戰場上出現了。但在生活中，人們仍把斧鉞作為一種生產工具大量使用。

婦好的虎紋大銅鉞

這件虎紋大銅鉞高三十九點厘米、寬三十七點五厘米，鉞身很大，刀刃部分又彎又寬，兩個角微微向上翹。靠近肩部的地方有兩個長條形的開口，用來穿皮革繩子，把鉞固定在木製的把手上。鉞身上面鑄有雙虎吃人的紋飾，惟妙惟肖，令人膽戰心驚，顯示了軍隊統帥至高無上的權力和威嚴。在紋飾下面正中間鑄有“婦好”二字銘文，說明這是專門為婦好鑄造的兵器。

良將勁弩威震四海——五年相邦呂不韋戈

成語中的"戈"

戈是中國先秦時期最主要的一種長兵器，曾被列為車戰中的五大兵器之首，是華夏民族獨創的兵器。古人把攻擊性的兵器戈和防禦性的兵器干合稱干戈，用來泛指各種兵器。雖然我們現在已經用不到這些古兵器了，但是在很多現代詞彙中仍能找到它們的身影，諸如"大動干戈"、"倒戈一擊"、"化干戈為玉帛"等等，都是來源於此。

戈的形狀非常特別，有點兒類似鐮刀的樣子。作戰時既可以橫割、刺擊，又能後拉鈎殺，所以古人又稱之為"句（鈎）兵"。戈作為兵器最早出現在商朝，春秋戰國時最為鼎盛，秦以後漸漸消失。戰國末期，秦國異軍突起，金戈鐵馬、所向披靡。秦國軍事上的強大離不開其製作精良的各種兵器，其中秦軍使用最多的就是呂不韋戈。

圖 4.2.4
呂不韋像

呂不韋是戰國時期的一個傳奇人物。他原本只是一個商人，靠著"奇貨可居"的獨到眼光和巧妙的政治手段，坐上了秦國相邦（丞相）的高位。秦王嬴政統一六國過程中，呂不韋功不可沒，被嬴政尊為"仲父"。"呂不韋戈"並不是呂

不韋所使用過的戈，那他的名字又怎麼會出現在兵器上呢？原來，這只是呂不韋作為丞相下令督造的兵器。當時為了保證生產出來的兵器質量上乘，呂不韋推行了“物勒工名”制度。所謂“物勒工名”，是一種質量審核制度，就是指器物的製造者要把自己的名字刻在上面，以方便檢驗產品質量。

五年相邦呂不韋戈現藏於中國國家博物館，通長二十七點六厘米、胡長十六點八厘米，包括援、胡和內三個部分，三面都有鋒刃，其中內和胡上有小孔，叫作“穿”，古人通過穿將戈固定在木柄上。戈上共有銘文十九字，其中正面的銘文為：“五年，相邦呂不韋造。詔事圖、丞戴、工寅”。背面有“詔事屬邦”四字。“五年”指的是這件戈是嬴政五年鑄造的。“相邦呂不韋造”代表這件戈是在丞相呂不韋的監造下完成的。“詔事圖、丞戴、工寅”這七字則揭示了秦國嚴密的軍事化管理。詔事，相當於兵工廠的廠長，這個人名叫圖；丞，相當於現在工廠的車間主任，名叫戴；工，就是親手鑄造這件戈的工匠，名叫寅。由此推斷，當時秦國的軍工管理制度分為四級，從丞相、詔事、丞到一個個工匠，層層負責。一

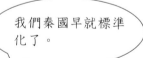

我們秦國早就標準化了。

旦這件兵器出現問題，可以通過上面所鑄的名字追查到責任人。由丞相執法，對失職者予以懲罰，輕則砍手砍腳，重則處死。"物勒工名"制度大大提高了秦國兵器生產的質量和效率，製造出大批做工精良的兵器，使秦軍在作戰中戰無不勝，成功地統一六國，建立了中國歷史上第一個封建制王朝 —— 秦。

百萬雄兵胸中藏——陽陵虎符

它是這個樣子的

虎符，又叫兵符。是中國古代帝王調動軍隊時所用的憑證，因為它的形狀像老虎，所以稱之為"虎符"。虎符能分成左右兩半，背上大多有錯金文字，文字分別寫在兩邊。用兵時，其中一半交給將帥，另一半由皇帝保存，只有兩塊虎符同時使用，互相吻合，才可以調兵遣將。我們現在常用的"符合"一詞，就是由此而來的。

傳說，虎符是《封神榜》中那位大名鼎鼎的姜太公發明的，最早的虎符出現在春秋戰國時期，用青銅或者黃金製造。中國現存最早的虎符實物，是1973年在陝西西安郊區北沉村出土的戰國時秦國的杜虎符。虎符到了隋唐時期，形狀發

113

生了很大的變化，不單單是做成老虎的樣子，有做成麒麟形狀的，也有做成魚、兔子、烏龜等小動物樣子的。到了宋朝，虎符一定要配合文書一起使用才能生效。再到後來，虎符逐漸演變成了令牌，於是這種動物形狀的兵符最終退出了歷史舞台。

虎符的故事

虎符在古代戰爭中曾發揮了重要的作用，也發生了很多與其相關的故事，其中最著名的就要數信陵君竊符救趙的典故了。這個故事發生在戰國時期的魏國，信陵君是魏王的弟弟，他招納賢才，家中有門客三千。公元前 257 年，強大的秦國出兵包圍了趙國都城邯鄲，趙國危在旦夕。趙國向魏國求救。但是魏王怕派兵以後會得罪秦國，故猶豫不決。信陵君百般勸諫，魏王就是不肯發兵。信陵君深知一旦趙國滅亡，魏國也將成為秦國的目標，岌岌可危。於是，信陵君決定率領自己的三千門客前去救趙。路過城門，信陵君遇到老朋友守門人侯生，便和他辭別，沒想到侯生對他此去救趙不屑一顧，態度十分冷淡。信陵君感到奇怪，便向侯生問個明白。侯生這才批評

圖 4.2.6

"竊符救趙" 郵票

信陵君魯莽救趙，無異於以卵擊石，並向他獻出妙計。原來魏王有個最寵愛的妃子叫如姬，而信陵君有恩於如姬。只要如姬從魏王的臥室裏把虎符盜出，就可以去前綫把晉鄙率領的十萬大軍調去救趙了。信陵君聽後非常高興，就按照侯生的辦法，去請如姬幫助。如姬果然很快就把魏王的虎符偷了出來，交給了信陵君。信陵君帶著虎符，來到前綫，假傳魏王的命令，要晉鄙交出軍隊。晉鄙將虎符一合，果然不錯，但還是將信將疑。信陵君身邊的門客勇士朱亥一躍而起，舉起大錘就把晉鄙的腦袋砸得粉碎。於是，信陵君調動大軍前去救趙，結果，秦軍大敗。這一仗解了邯鄲之圍，使趙國沒有立即被秦國滅掉。

它是這個樣子的

這件陽陵虎符為銅質，長八點九厘米、高三點四厘米，分為左右兩半，相合之後便成一隻老虎的形狀。老虎俯臥在地，昂著頭翹著尾，栩栩如生。兩邊頸背部各有錯金篆書銘文十二字："甲兵之符，右在皇帝，左在陽陵"。陽陵（今陝西咸陽市東）曾是秦的郡名，說明這件虎符是秦始皇當年調動軍隊的兵符，一半由秦始皇掌管，另

弟兄們，
向前衝啊！

一半放在陽陵守將那裏，兩半相合，才能驗符發兵。所以別看這件虎符東西小，但在當時可謂舉足輕重，可以調動成千上萬的軍隊。現在陽陵虎符收藏在中國國家博物館內，具有很高的歷史價值和藝術價值，是國家一級文物。

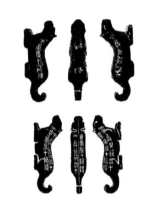

抗擊侵略，威震四方
——神威無敵大將軍炮

1975 年，在黑龍江省齊齊哈爾市機械廠的廢鐵堆中發現了一門銅炮。這是一門大清康熙十五年三月二日造的神威無敵大將軍炮。銅炮有一噸多重，經過幾百年風雨的沖刷，整個炮身已經銅鏽斑斑，但是我們仍然能夠依稀看到它當年佇立戰場、威風凜凜的身影。這位 “神威無敵大將軍” 的背後又有多少不為人知的傳奇故事呢？

火藥是中國的四大發明之一，很早以前中國就已經開始用火藥來製造兵器。明代的開國皇帝朱元璋就利用火炮出奇制勝，統一了天下，並下令封這些炮為 “大將軍”。從此，火炮就有了正式的封號。

清朝的康熙皇帝是中國歷史上最有作為的帝王之一，他文治武功，把國家治理得十分富強。

康熙還很重視學習西方的科學技術，在明代火炮製造基礎上吸收了西洋先進造炮技術，創造了許多威力強大的火炮。每年秋天，朝廷還派大臣到盧溝橋祭祀大炮，神威無敵大將軍炮就是其中的一員。

十七世紀中葉，沙俄軍隊侵佔雅克薩（今黑龍江省呼瑪縣西北黑龍江北岸，歷史上屬中國），霸佔中國大片土地，且燒殺搶掠，無惡不作。康熙多次派使臣想和沙俄和談解決邊界事端問題，但沙俄囂張蠻橫，無理拒絕。為了懲罰沙俄的侵略行徑，康熙毅然決定出兵予以反擊，奪回雅克薩，收復被侵佔的中國領土。

1685 年 4 月，康熙派三千將士由黑龍江出發，出兵包圍了雅克薩。俄軍不肯投降，企圖負隅頑抗。清軍用神威無敵大將軍炮向城內一陣狂轟，把俄軍炸得呼爹喊娘，最後無法招架，只得投降。被沙俄侵佔長達二十年之久的雅克薩終於回歸祖國。

過了段時間，沙俄賊心不死，又集結兵馬入侵雅克薩。康熙再次下令清軍討伐，用神威無敵大將軍等火炮日夜向城內猛轟。俄軍又被炸得潰不成軍，連統帥也被炸死，最後，僥幸存活的殘兵敗將只得狼狽地逃回沙俄。

圖 4.2.9
康熙皇帝像

沙俄連續吃了兩個大敗仗，元氣大傷，無力向東擴張。1689年，中俄兩國簽訂了《中俄尼布楚條約》，使中國東北邊疆獲得了很長時間的安寧。在兩次雅克薩自衛反擊戰中，神威無敵大將軍炮立下了汗馬功勞。

圖 4.2.10
神威無敵大將軍炮
中國人民革命軍事博物館館藏

現在，神威無敵大將軍炮陳列在中國人民革命軍事博物館歷史文物展廳內，它長二點四八米，重一千一百三十七公斤，口徑零點三四五米，炮身呈筒形，前細後粗，炮身上面共有五道箍，兩邊有雙耳，炮尾呈球形。炮口與底部正上方有“星”“斗”供瞄準用。火門為長方形。神威無敵大將軍是門前膛炮，可以裝填兩公斤的火藥，炮彈可重三四公斤。這門炮於康熙十五年（1676年）鑄造而成，可以用木製炮車裝載，是攻城拔寨的利器，在兩次雅克薩自衛反擊戰中發揮了決定性的作用，無愧為“神威無敵大將軍”。

圖 4.2.11
擊敗沙俄入侵的
雅克薩之戰畫像

舉 世 無 雙

雙色劍

　　劍，作為戰場上的殺敵武器，需要用高錫青銅鍛造使之堅硬鋒利，但格鬥時由於很脆容易折斷。為了克服這個缺點，古代的能工巧匠們發明了複合劍。這種劍的劍脊含錫量低，呈紅色，質地堅韌，格鬥時經得起撞擊而不會折裂；而劍刃部分含錫量高，呈白色，質脆而硬，刃口鋒利，能刺穿硬甲而鋒鍔不摧。這種造劍工藝被稱為複合材料兩次鑄造法。由於寶劍的脊背和刃口呈現不同的顏色，所以又稱雙色劍。

表面合金化

　　越王勾踐劍出土時烏光鋥亮，鋒利如初。為何此劍能夠歷經千年而不鏽呢？原來它在鑄造時採用了表面合金化技術：工匠先把含錫的合金粉末塗在劍身的表面，然後經過加熱使合金成分擴散到青銅劍的基體之中，表面就形成一層合金。這層合金不但含錫，還生成了細晶區，能夠防止金屬表面的鏽蝕。這表明，中國早在兩千五百年前就已發明了金屬表面合金化技術。

國 寶 檔 案

吳王夫差矛

年代：春秋晚期

器物規格：長 29.5 厘米，寬 3 厘米

出土時間：1983 年

出土地點：湖北省江陵馬山 5 號楚墓

所屬博物館：湖北省博物館

身世揭秘：矛的主人吳王夫差正是那位臥薪嘗膽的越王勾踐的死對頭，兵器的出土地點距離越王勾踐劍出土的地點僅有兩公里。

矛是一種攻擊性長兵器，主要用於直刺和扎挑。在中國古兵器的大家族中，矛可以算是老壽星了。從原始社會人們捕獵的石矛到現代的紅纓槍，都是矛的形狀。小說《三國演義》中勇冠三軍的猛張飛使用的丈八蛇矛就是矛的一種。

吳王夫差矛是用青銅鑄造的，木製的矛柄已經完全腐朽。矛的器身就像一把短劍，中間的脊背最厚，兩邊是刃口，非常鋒利。脊背上兩面都開有血槽，血槽的後面鑄有怪獸的頭，口含環

圖 4.4.1

吳王夫差畫像

120

鈕，生動逼真。整個器身上裝飾有滿滿的暗格菱形花紋，上面還有篆書錯金銘文，十分精美。這件吳王夫差矛做工精緻，紋飾精美，堪稱中國古代兵器中的精品之作。吳王夫差矛與越王勾踐劍在博物館中兩兩相望，彷彿歷史在我們眼前重現。昔日風雲天下的兩位春秋霸主，好像正舉劍持矛要再次一決高下。

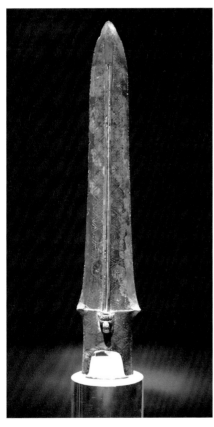

圖 4.4.2
吳王夫差矛

圖 4.4.3
吳王夫差矛上的銘文

身世揭秘：戟，是戈和矛合體的一種長兵器。在戈的頂端裝上矛，就變成了戟。戟可刺、可割、可鈎、可啄，有四種功用，比戈和矛的攻擊力更為強大。戟在商代就已經出現，但應用並不普遍。到了春秋時期，戟成為常用兵器之一，多用於車戰。當時戟的戈頭和矛頭是分別鑄造，再聯裝在木柄上。到了三國時期，戟的種類增多，有長戟、雙戟、手戟等等。三國時期的呂布用的就是一把方天畫戟。隋唐之時，戟基本已經退出兵器行列，更多的是作為一種象徵身份的禮兵器存在。

上海博物館收藏的這件商鞅戟很有名氣，因為商鞅在中國歷史上是個大有作為的人物。他在秦國輔佐秦孝公實施變法，史稱"商鞅變法"。商鞅變法使秦國國力大增，為以後秦統一六國奠定了基礎。商鞅戟的矛頭和木柄都已經缺失，現

圖 4.4.4
商鞅像

在僅剩戈頭的部分存在。商鞅戟的正背面都刻有銘文，正面：“十三年，大良造”。背面：“鞅之造戟”。意思是秦孝公十三年（公元前349年），當時任大良造職務的商鞅發給士兵的兵器。大良造是秦國武將的官名，職司配發兵器。商鞅戟造型優美、做工精湛，具有很高的藝術和歷史價值，是國家一級文物。

圖 4.4.5
商鞅戟

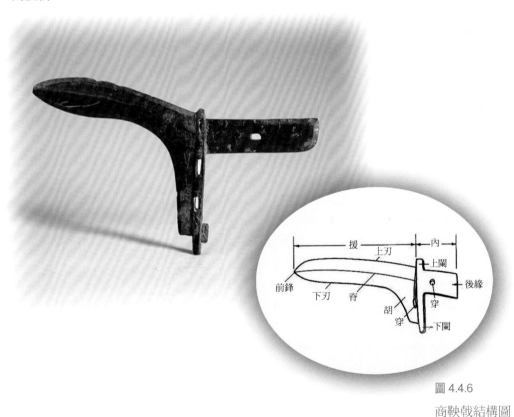

圖 4.4.6
商鞅戟結構圖

身世揭秘："兩軍相遇，弓弩當先"，弓和弩是中國古代最主要的遠射兵器。1963 年，在山西省朔縣峙峪村附近的舊石器遺址中發現了一塊石頭做成的箭頭，距離現在大約有兩萬八千年，比傳說的"揮作弓"時間還要久遠（據說"揮"是黃帝之孫，發明了弓箭，功勞很大，於是黃帝賜姓"張"，所以張是由"弓"和"長"組成的）。

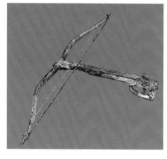

圖 4.4.7
秦弩機

到了後來，人們把弓改進成為弩。弩箭和弓箭的發射原理是相同的，不同的是，弩利用青銅組件可以先把弦扣住，然後再瞄準發射，這樣不但提高了命中率，還可以利用機械作用增加射程。強弓硬弩在古代戰場上發揮了巨大作用，直至今日，射箭仍被當作一項體育競賽項目在繼續發展。

這件秦弩機是青銅製作的，與當時的實戰用弩完全一致，只是尺寸只有實物的一半大小。整件銅弩分為弩弓和弩臂。弩弓就像一把精美的弓箭，有弓幹和弓弦，安裝在弩臂的前端。弩臂的後端裝有弩機，弩機由“牙（扣機）”“望山（瞄準器）”和“懸刀（扳機）”構成。在這把銅弩上飾滿各種彩繪的紋飾，有捲雲紋、流雲紋、夔龍紋和鳳鳥紋等精美的花紋。弩臂尾部還有錯金銀的紋飾，十分華貴。

這件銅弩是在秦始皇陵發現的，出土時架在銅戰車上，是一把車戰用的強弩。它裝備齊全、紋飾華美，具有很高的藝術價值，是國家一級文物。

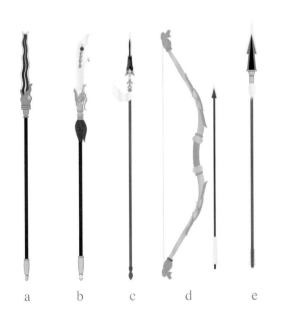

a   b   c   d   e

圖 4.4.8
中國古兵器：
a. 丈八蛇矛
b. 青龍偃月刀
c. 亮銀槍
d. 養由弓
e. 錦義龍騎尖

少虞劍

年代：春秋晚期

器物規格：長54厘米，寬5厘米，重0.88公斤

出土時間：1923年

出土地點：山西省渾源縣李峪村

所屬博物館：故宮博物院

身世揭秘：春秋晚期，南方的吳國和越國變得強大起來，爭霸於中國江南。吳人和越人很善於造劍，鑄劍技術遠遠超出中原諸國，因此吳越地區出土的寶劍往往質地上乘、做工考究、紋飾精美。中原地區出土的劍與吳越寶劍相比就遜色很多了。但是在1923年山西渾源李峪村卻出土了一把驚世駭俗的青銅劍，這把中原晉國的寶劍製造精良，裝飾華貴，絲毫不亞於大名鼎鼎的越王勾踐劍。這把劍叫作少虞劍，是中原地區出土的青銅劍中的稀世珍寶。

少虞劍，又名"吉日壬午劍"，現在收藏於故宮博物院。這把劍劍身的中間部分最寬，向上越來越尖銳，形成劍鋒，不過出土時劍鋒已經略有殘缺。劍格上飾有錯金的獸面紋和捲雲紋，上面還鑲嵌有綠松石，非常漂亮。圓筒形的劍柄後接

喇叭形的劍首，劍首也有錯金雲紋。在劍身的兩
面還都有錯金的銘文二十字："吉日壬午，乍為元
用，玄鏐鋪呂。朕余名之，胃之少虞。"銘文的意
思是說，壬午這天是個吉祥的日子，做了這把好用
的劍，做劍的原料是錫與銅。我給這把劍起了個名
字，叫作"少虞"。少虞劍保存非常完好，基本沒
有鏽蝕，上面的錯金紋飾和銘文精美流暢，很具觀
賞性，被定為國家一級文物。

圖 4.4.9
少虞劍

銅威遠將軍炮

年代：清康熙二十九年

器物規格：長 70 厘米，口徑 21.2 厘米

所屬博物館：中國人民革命軍事博物館

身世揭秘：銅威遠將軍炮是清朝非常著名的大炮之一，是由當時的武器發明專家戴梓製造的。威遠將軍炮和神威無敵大將軍炮有所不同，它是一種短身管的前裝臼炮，也稱子母炮，類似於現代的榴彈炮，射程很遠而且火力兇猛。《清史稿》載："子在母腹，母送子出，從天而降，層層碎裂，銳不可當，威力驚人。"由於重量較輕，很方便在長途征戰時拖運攜帶，尤其適用於複雜地形的作戰。發射時，先從炮口點燃炮彈上的引信，再點燃火門上的引信，炮彈射到敵陣後，自動爆炸，殺傷力很強。

這門威遠將軍炮炮身粗短，中部有兩耳，用來支撐炮體和調整射擊角度。炮身用四輪木質炮車裝載，後部刻有滿、漢銘文："大清康熙二十九年，景山內御製威遠將軍，總管監造御前一等侍衛海清，監造官員外郎勒理，筆帖式巴格，匠役伊邦政、李文德。"這些銘文對研究清朝的火器

製造提供了重要的實物信息。

　　在康熙平定西北噶爾丹叛亂的戰役中，威遠
將軍炮展示了其短小精悍、火力威猛的特點，屢
立戰功。現在這門威遠將軍炮藏於中國人民革命
軍事博物館，是國家一級文物。

圖 4.4.10

銅威遠將軍炮

博物館參觀禮儀 小貼士

同學們，你們好，我是博樂樂，別看年紀和你們差不多，我可是個資深的博物館愛好者。博物館真是個神奇的地方，裏面的藏品歷經千百年時光流轉，用斑駁的印記講述過去的故事，多麼不可思議！我想帶領你們走進每一家博物館，去發現藏品中承載的珍貴記憶。

走進博物館時，隨身所帶的不僅僅要有發現奇妙的雙眼、感受魅力的內心，更要有一份對歷史、文化、藝術以及對他人的尊重，而這份尊重的體現便是遵守博物館參觀的禮儀。

一、進入博物館的展廳前，請先仔細閱讀參觀的規則、標誌和提醒，看看博物館告訴我們要注意什麼。

二、看到了心儀的藏品，難免會想要用手中的相機記錄下來，但是要注意將相機的閃光燈調整到關閉狀態，因為閃光燈會給這些珍貴且脆弱的文物帶來一定的損害。

三、遇到沒有玻璃罩子的文物，不要伸手去摸，與文物之間保持一定的距離，反而為我們從另外的角度去欣賞文物打開一扇窗。

四、在展廳裏請不要喝水或吃零食，這樣能體現我們對文物的尊重。

五、參觀博物館要遵守秩序，說話應輕聲細語，不可以追跑嬉鬧。對秩序的遵守不僅是為了保證我們自己參觀的效果，更是對他人的尊重。

六、就算是為了仔細看清藏品，也不要趴在展櫃上，把髒兮兮的小手印留在展櫃玻璃上。

七、博物館中熱情的講解員是陪伴我們參觀的好朋友，在講解員講解的時候盡量不要用你的問題打斷他。若真有疑問，可以在整個導覽結束後，單獨去請教講解員，相信這時得到的答案會更細緻、更準確。

八、如果是跟隨團隊參觀，個子小的同學站在前排，個子高的同學站在後排，這樣參觀的效果會更好。當某一位同學在回答老師或者講解員提問時，其他同學要做到認真傾聽。

記住了這些，
讓我們一起開始
博物館奇妙之旅吧！

博樂樂帶你遊博物館

我博樂樂來啦，哈哈！上次帶著大家遊覽了幾個很有特色的博物館，相信同學們已經領略到了博物館的神奇！這次，讓我們繼續博物館之旅，去探尋博大精深的華夏文明，去聆聽那些隱藏在文物背後的故事⋯⋯

小提示

故宮（故宮博物院）位於北京城中心，是明清兩代的皇宮，又稱紫禁城。故宮始建於明永樂四年（1406 年），永樂十八年（1420 年）建成。歷經明清兩個朝代二十四位皇帝。它的外觀是一座氣勢磅礴的皇家宮殿，朱紅的宮牆，金黃的琉璃，盡顯皇家風範。

博大精深的皇家宮殿
—— 故宮博物院

地址：北京市東城區景山前街四號

開館時間：旺季（4月1日至10月31日）

　　　　8:30—17:00

　　　　淡季（11月1日至次年3月31日）

　　　　8:30—16:30

門票：普通票旺季六十元，淡季四十元；

　　　學生票二十元

電話及網址：010-85007058

http://www.dpm.org.cn

終於放暑假啦！今天，我要和同學們一起去參觀歷史悠久的皇家宮殿——故宮博物院。走出地鐵站，雄偉的天安門展現在眼前，再往前就是聞名中外的故宮博物院了。進入故宮以後，我彷彿一下子穿越到了古代，周圍的一切都是那麼雄偉壯觀。午門、太和殿、中和殿、保和殿、乾清宮、交泰殿、坤寧宮，一座座宮殿讓人目不暇接。雄偉的宮殿在陽光的映射下，顯得更加金碧輝煌。

金磚真的是金子做的嗎？哈哈，當然不是啦！其實這是一種用特殊方法燒製的磚，工藝考究、複雜，專為皇宮而製，敲起來有金石之聲，所以稱之為"金磚"。

一路走走看看，終於來到了故宮內最大的宮殿 —— 太和殿。太和殿裏的中外遊客絡繹不絕，只見一群遊客正在津津有味地傾聽導遊的講述，我也興致勃勃地加入了他們的隊伍中。原來，太和殿因為殿內金磚墁地，所以又稱"金鑾殿"。金磚鋪就的地面平整如鏡，光滑細膩，像是灑了一層水，折射出幽暗的光。

小提示

故宮的建築沿著一條南北向中軸綫排列並向兩旁展開，南北取直，左右對稱。依據其佈局與功用分為"外朝"與"內廷"兩大部分，以乾清門為界，乾清門以南為外朝，以北為內廷。外朝、內廷的建築氣氛迥然不同。

聽完講解，時間已經不早了，我急匆匆地直奔寧壽宮和奉先殿，因為那裏有著名的珍寶館和鐘錶館，裏面收藏著無數精妙絕倫的傳世國寶，我可不想錯過這個學習的好機會呀！

看完珍寶館和鐘錶館，已經到了閉館時間。一整天的遊覽我也只是參觀了故宮的冰山一角，還有好多珍貴的皇家收藏來不及看，有好多精彩的皇家故事來不及聽呢！偉大壯美的皇城，我們下次再見！

太和殿是現存中國古代建築中最高大的建築，是封建皇權的象徵。這裏是明清兩代皇帝舉行大典的場所，皇帝登基、大婚、冊立皇后和每年的春節、冬至、皇帝生日以及公佈進士黃榜、派將出征、宴會等大的慶典活動都在這裏舉行。

故宮博物院藏有大量珍貴文物，總量已達一百八十餘萬件，佔全國文物總數的六分之一，其中有很多是絕世珍寶。幾個宮殿中設立的石鼓館、珍寶館、鐘錶館等，讓愛好藝術的人在這些無與倫比的藝術品面前，久久不願離去。

六朝古都的瑰寶 —— 南京博物院

地址：江蘇省南京市中山東路三二一號

開館時間：周一 9:00—12:00

周二至周日 9:00—17:00

周一逢國家法定節假日全天開放

門票：預約或現場領取免費參觀票

電話及網址：025-84802119-2020

http://www.njmuseum.com

小提示

位於藝術館一層的珍寶館是南京博物院藝術館中的館中之冠，展品大多是國寶級的藝術精品，大家可以看到從史前到清代，整個中華文明各個時期的藝術精髓，玉器、青銅器等琳瑯滿目，它見證了中華文化的源遠流長，一下就激發了參觀者無窮的好奇心。

小提示

南京博物院藝術館的展廳共分兩層，內設珍寶館、青銅館、瓷器館、書畫館、玉器館、織繡館、陶藝館、漆藝館、民俗館、現代藝術館、名人書畫館十一個專題陳列展館。

漫長的暑假可是補充課外知識的最佳時間喲！我絕對不會錯過這個機會，今天決定去久負盛名的六朝古都南京走一走！去南京玩兒我一定不會錯過南京博物院，那可是我嚮往已久的地方啊，我要去那裏探尋古都的魅力。

我決定先去藝術館，這裏主要展出中華民族傳承至今的藝術珍品。進入展館，古樸典雅的玉器、精美貴重的朝珠，令人目不暇接，我一下子就被一樓大廳中央的展廳吸引了。咦，那件造型似牛的銅器是什麼？走近一看，原來是一盞銅油燈。這盞銅油燈由牛身、燈座、燈蓋三部分組成，牛的造型圓潤可愛，背上背著燈座，還可以隨意轉向，燈罩頂部有佈滿雲紋的蓋子，裏面有圓管狀的煙道連在牛的身上，非常環保。那麼，

擁有如此精巧的設計和先進的理念的銅油燈是什麼時候的藝術品呢？一看說明牌，我吃了一驚，這居然是東漢時期的傑作！要知道直到十五世紀中葉，西方國家才發明出一種鐵皮導煙的燈罩啊！

陶藝館裏陳列的器皿雖然沒有珍寶館那麼精緻，但是卻富含遠古的韻味。原來裏面陳列的陶器很多都是上古時代的產物，甚至還有史前的陶器，那時文字都還沒發明呢！雖然陶器比起精美的瓷器要粗糙些，但卻形態各異，有的像圓形的凳子，還有一些和青銅器的形態一模一樣，壺、鉢、鼎，應有盡有，器皿上還塗有白色的紋飾呢！要知道，這些都是公元前三四千年的大汶口文化時期的產物啊！原來我們的祖先竟是那麼富有想像力和創造力！

從陶藝館出來，穿過展廳一樓長廊，一座美麗的園林展現在眼前，這裏是沁園，它汲取了蘇州園林“古、樸、秀、雅”的特點建造而成。園

南京博物院的大殿是歷史陳列館，舉辦有"長江下游五千年文明展""我們的昨天 —— 祖國的歷史、民族和文化展""江蘇考古陳列"三個基本陳列，常年對觀眾開放。

參觀完美麗的沁園，又到了閉館時間。歷史館只能留到下次再參觀啦！

中鵝卵石鋪設的道路蜿蜒前伸，園內綠樹成蔭，迴廊曲折，溪水潺潺，秀竹颯爽，怪石嶙峋，一口古井幽靜深邃。清代的磚雕刻畫得栩栩如生，描繪了春秋史事、水滸傳奇、秦淮佳話等。沁園真是讓人流連忘返哪！

　　走出南京博物院，我覺得自己像是受到了一次文化洗禮，想知道的歷史文物知識還有很多很多，一次參觀是遠遠不夠的。但這次參觀留下的深刻印象，足以成為我今後不斷了解中華民族藝術瑰寶和燦爛歷史的強大動力。

湖南省博物館

地址：湖南省長沙市東風路 50 號

開館時間：周二至周日 9:00—17:00

　　　　　周一閉館（國家法定節假日除外）

門票：每日限量觀眾一萬五千人次

　　　攜帶身份證等有效證件免費入館

電話及網址：0731-84415833

http://www.hnmuseum.com

小提示

嶽麓山下的湖南省博物館籌建於 1951 年，1956 年正式對外開放。2010 年起，開始改擴建工程，2017 年 11 月重新對外開放。

　　上學期的一節歷史課上，老師講到了神秘的湖湘文化，我產生了濃厚的興趣，要深入了解，最好的地方當然是湖南省博物館。離開南京，坐上去長沙的高鐵列車，湖南省博物館，我來啦！

　　湖南省博物館，是湖南省最大的歷史藝術類博物館，佔地面積四點九萬平方米，總建築面積為九點一萬平方米，是首批國家一級博物館。它是人們了解湖湘文化進程、領略湖湘文化奧秘的重要窗口。館內藏品超過十八萬件，尤以蜚聲中外的馬王堆漢墓文物、商周青銅器、楚文物、歷代陶瓷、書畫和近現代文物等最具特色。

　　來到了湖南省博物館，最不能錯過的當然是馬王堆漢墓裏的出土文物，我直奔"馬王堆漢墓陳列"展廳，要去一睹辛追夫人的風采！走近一看，輕薄的素紗禪衣、絢麗的T型帛畫原來都在這裏，還有精巧鮮豔的漆器、輕柔高貴的絲綢、威嚴浪漫的葬具……每一件展品無不體現了漢代無與倫比的藝術之美和中國別具一格的墓葬奇觀。

　　走出富麗堂皇的侯家，告別了辛追夫人，我又信步來到其他的展廳，在青銅器展廳、名窯陶瓷展廳還有書畫展廳，我看到了許多稀世珍品 —— 湖南寧鄉出土的人面紋方鼎、象紋銅鐃，醴陵的象尊，湘潭的豕尊等商代青銅器；東漢至

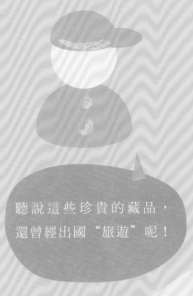

聽說這些珍貴的藏品，還曾經出國"旅遊"呢！

小提示

除了常規展覽，湖南省博物館還舉辦過"湖南革命史陳列""楚文物展覽""館藏明清繪畫展覽""明清工藝品展覽""齊白石畫展"等四十多個陳列展覽。

隋唐的湘陰窯和岳州窯青瓷，唐五代長沙窯釉下彩瓷器；唐代摹王羲之《蘭亭序》和明末清初著名思想家王夫之的手跡……真是大開眼界！

這麼多的文物，是怎麼保存得如此完好的呢？聽講解員姐姐說，這是得益於博物館科研人員的辛勤工作。原來，為了防止這些文物的自然損壞，科研人員採取了現代科學和傳統技術相結

小提示

該館有"長沙馬王堆漢墓陳列"和"湖南人——三湘歷史文化陳列"兩個基本陳列和青銅、陶瓷、書畫、工藝四個專題展館來展示人類優秀文化遺珍。馬王堆漢墓出土文物和其他一些文物珍品，曾在國內許多省市以及日本、美國等國家展出。

小提示

為提高觀眾的鑒賞水平
和參觀興趣，湖南省博
物館精心設計並推出了
專題導覽、講座、家庭
主題日、教師沙龍等社
會教育活動。

合的方法對文物加以保護。比如，對絲織品進行
消毒去污、防蟲防黴和加固保護，對漆木竹器進
行脫水定型等等。

　　一天的湖南省博物館之行就要結束了，走出
博物館，我的腿彷彿灌了鉛一般，都快走不動了！

　　幾天的博物館之行，讓我更深刻地感受到博
物館的魅力。每每帶著好奇與興趣走進博物館，
我都會帶著思考和收穫離開，在博物館裏尋找人
類和民族逝去的回憶，真是一件美妙的事。

責任編輯　李　斌
封面設計　任媛媛
版式設計　吳冠曼　任媛媛

書　　名　博物館裏的中國
　　　　　藏在指尖的藝術
主　　編　宋新潮　潘守永
編　　著　盧婷婷　楊莉玲　汪詩琪　崔佳
出　　版　三聯書店（香港）有限公司
　　　　　香港北角英皇道 499 號北角工業大廈 20 樓
　　　　　Joint Publishing (H.K.) Co., Ltd.
　　　　　20/F., North Point Industrial Building,
　　　　　499 King's Road, North Point, Hong Kong
香港發行　香港聯合書刊物流有限公司
　　　　　香港新界大埔汀麗路 36 號 3 字樓
印　　刷　中華商務彩色印刷有限公司
　　　　　香港新界大埔汀麗路 36 號 14 字樓
版　　次　2018 年 5 月香港第一版第一次印刷
規　　格　16 開（170 × 235 mm）160 面
國際書號　ISBN 978-962-04-4261-2